Heiko Hübscher

Taschenatlas
Rosen schneiden

3., aktualisierte Auflage

125 Farbfotos
45 Zeichnungen

Ulmer

Vorwort

Schon seit dem Altertum werden Rosen kultiviert. Rosen haben eine natürliche Veranlagung, sich untereinander zu kreuzen oder Mutationen hervorzubringen. So gab es immer wieder neue Blütenformen und Farbvariationen, die in den Gärten ihren Platz fanden. Zunächst durch Auslesen, später durch bewusste Züchtung gewann die Rose mit ihrem Duft und den zarten Blütenformen immer größere Bedeutung. Dichter und Schriftsteller ließen sie in Verbindung mit Frauengestalten unsterblich werden. Die züchterische Erschließung der natürlichen Rosenpopulationen in Fernost brachte sie auf ihrem Weg zur „Königin der Blumen" ein gutes Stück voran.

Eine Rose, die in freier Natur herangewachsen ist und deren Triebe mit der Zeit an Kraft verlieren, sterben einfach ab und machen neuen Austrieben Platz. Dieser Prozess der Regeneration erstreckt sich über mehrere Jahre, genügt aber selten den ästhetischen Ansprüchen eines Gartenbesitzers. Halbabgestorbene Rosenpflanzen sind keine Pracht. So entwickelten sich über Jahrhunderte hinweg mit jeder neuen Rosenklasse besondere Schnitttechniken, um diese Regeneration zu fördern. Mit dem Auftreten der öfterblühenden Rosen setzte man sich die Unterstützung des Remontierens zum Ziel, also die Blütenneubildung im gleichen Jahr.

Alle Rosenzüchtungen mit ihren ganz unterschiedlichen Wuchscharakteristika lassen sich dabei relativ einfach klassenübergreifend in Schnittgruppen zusammenfassen. Dabei wird ihre typische Austriebsentwicklung nach einem in bestimmter Weise ausgeführten Schnitt als Grundlage verwendet. Daraus wird ein möglichst allgemein übertragbares Konzept zur dauerhaften Förderung der Pflanze erstellt.

Der Züchter geht bei seinen Beschreibungen zu Habitus und Blütenbildung einer Sorte von einem fachgerechten Schnitt aus. Bringen Sie aber fünf Rosenliebhaber zusammen und Sie werden fünf Meinungen zum „richtig angesetzten" Schnitt hören. Wohl nur beim Obstbaumschnitt gibt es mehr Meinungen zu diesem Thema.

In diesem Buch erhalten Sie einen Überblick über die verschiedenen Rosenklassen und den dazugehörigen Schnitt. Die beschriebenen Schnitttechniken und Schnittzeitpunkte beruhen unter anderem auf den Erfahrungen aus den Zweibrücker Rosengärten. Dort werden etwa 2000 Rosensorten aller Klassen kultiviert.

Heiko Hübscher

Inhalt

Das Einmaleins des Rosenschnitts

Wuchsformen

Alle Rosen entwickeln sich zu Sträuchern unterschiedlicher Wuchshöhe und -breite. Einige Arten können mit Hilfe sehr langer Triebe in die Kronen benachbarter Bäume oder Großsträucher klettern (Spreizklimmer). Aus natürlich auftretenden Mutationen und der Kreuzungsarbeit der letzten Jahrhunderte entstand daraus eine kaum zu überschauende Pflanzengruppe.

Hinsichtlich des Schnittes lässt sie sich in drei Hauptgruppen unterscheiden: Niedrig wachsende Busch-, höher werdende Strauch- und langtriebige Kletterformen. Übergänge zwischen diesen drei Grundtypen sind die Regel. So kann sich eine Rose im Frühsommer zum ersten Flor als Beetrose darstellen und wird mit dem zweiten Flor zur Kleinstrauchrose. Diese individuellen Sortenentwicklungen können Sie nur bedingt durch Schnitt beeinflussen. Eine weitere, das Erscheinungsbild der Rose beeinflussende Größe ist das Klima. So wird eine Rose bei mildem Klima zum Kletterkünstler und an Standorten mit „echten" Wintern bleibt sie eine Strauchrose.

Buschformen

Bodendeckerrosen

Eigentlich gibt es keine „echten" Bodendeckerrosen. Dazu fehlt ihnen die Fähigkeit, sich bei Bodenkontakt eines Triebes zu bewurzeln. Es gibt aber sehr flach wachsende Sorten, die dünne, mehr oder weniger lange, auf dem Boden aufliegende Triebe bilden, die sich ihrer-

Eine gemischte Rosenanlage geschnitten im April ...

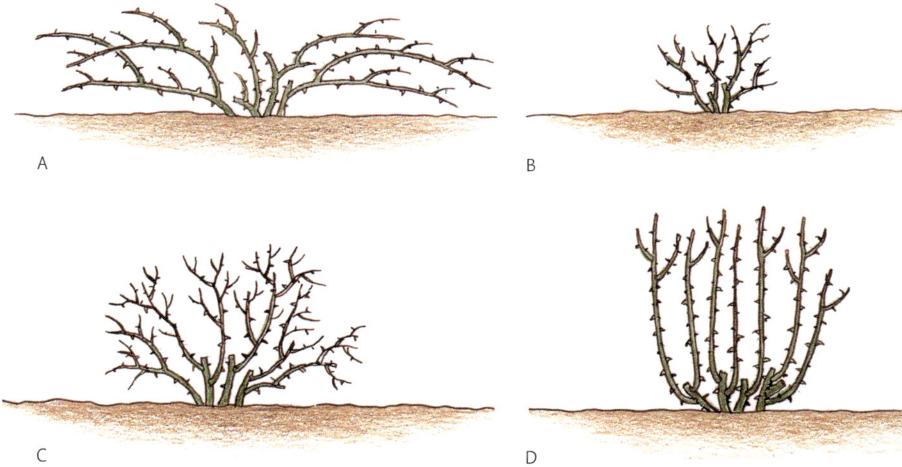

Schematische Darstellung des Wuchscharakters: (A) flächig wachsende Bodendeckerrosen, (B) kleinwüchsige Zwergrosen, (C) buschig verzweigte Beetrosen und (D) straff aufrecht wachsende Edelrosen.

… und blühend im Juni.

seits verzweigen und so den Boden mehr oder weniger vollflächig bedecken.

Zwergrosen
Zu dieser Klasse zählen Rosensorten mit einer Höhe von bis zu 40 cm mit zierlichen Blüten. Diese können eine edle Teehybridenform haben, klassisch geviertelt sein oder einfach blühen. Die Blüten können einzeln oder in Büscheln zusammen stehen. Infolge der zunehmenden Beliebtheit von Rosen, die sich auch für die Kultur in Gefäßen und Trögen eignen, bieten die Züchter inzwischen eine breite Palette an robusten, zwergwüchsigen Sorten an.

Beetrosen
Unter diesem Oberbegriff finden sich heute die Klassen der Floribunda- und Polyantharosen sowie alle ihre Mischformen von mehr oder weniger „edlem Geblüt". Sie werden zwischen 50–80 cm hoch und wachsen von straff aufrecht bis leicht überhängend. Ihre Blüten entwickeln sich in Büscheln.

Edelrosen
Die Aristokraten der Rosenwelt! Sie gelten immer noch als Inbegriff der edlen Blüte. Unter dem Begriff „Edelrose" vereinen sich die Klassen der Teehybriden mit einer endständigen Blütenknospe sowie die *Floribunda-/Grandiflora*-Hybriden mit besonders großen Blüten in Büscheln. Sie werden 70–120 cm hoch und wachsen in der Regel straff aufrecht.

Strauchformen

Kleinstrauchrosen
Bis vor wenigen Jahren als „Bodendeckerrosen" bezeichnet, etabliert sich der Begriff „Kleinstrauchrose" zusehends. Diese Rosen wachsen bogig überhängend und werden 50–120 cm hoch und breit.

Strauchrosen
Die Gruppe der Strauchrosen umfasst neben den modernen Sorten alle historischen Rosen und die Wildrosen. Sie

Schematische Darstellung des Wuchscharakters: Kleinstrauchrosen (links) im Vergleich zur Strauchrose (rechts; in der Abbildung der moderne Typ).

werden, je nach Sorte, 120–300 cm hoch. Durch den meist überhängenden Wuchs entspricht ihre Höhe in der Regel auch ihrer Breite.

Kletterformen

Diese Rosen zeichnen sich durch Ausbildung sehr langer, sich im Jahresverlauf stark verzweigende Triebe aus.

Kletterrosen

Moderne Kletterosen bilden sparrige, aufrechte Triebe mit einer Länge von 200–350 cm aus, die – sofern sie geeignet gestützt und befestigt werden, für die Begrünung kleiner Hauswandpartien, Säulen und kleinerer Rosenbögen geeignet sind. Sie sind meist öfterblühend.

Rambler

Sehr wuchsstarke Kletterrosen mit biegsamen, nur langsam verholzenden Trieben werden Rambler genannt. Sie eignen sich mit einem Jahreszuwachs von 250–600 cm für große Rosenbögen mit einer Durchgangsbreite ab 200 cm, zur Begrünung ganzer Lauben und alter Bäume. Bis auf wenige neue Sorten sind sie einmalblühend.

Climber

Bei Climbern handelt es sich um Mutationen von Rosensorten, die im Normalfall nicht die für Kletterrosen üblichen Langtriebe ausbilden.

Schnittregeln

Schnittregeln ergeben sich aus der natürlichen Entwicklung der Rosen und ihrer Reaktion auf Schnittmaßnahmen. Nur durch Ihr Verständnis für die Pflanze können Sie durch den Schnitt fördernd in ihre Entwicklung eingreifen. In Gärten und Parks finden sich leider immer zu viele aus Unverständnis zusammengestutzte Rosen. Das andere Extrem ist die aus falscher Naturliebe oder Angst ungeschnittene Rose. Für Wildrosen mag dies angehen. Sie

Schematische Darstellung des Wuchscharakters der meist „steiferen“ Kletterrose (links) zum biegsamen „weichen“ Rambler (rechts).

Aufbau und Verzweigung einer Rose.

entwickeln und erhalten ihren Habitus auch selbstständig. Durch den Eingriff der Züchtung in die Eigenschaften der Rosen hat sich jedoch die Notwendigkeit eines ordnenden Schnittes ergeben.

Wie entwickelt sich eine Rose?

Rosen verzweigen sich vom Wurzelhals ausgehend (siehe Zeichnung). Bei veredelten Rosen ist das die Stelle am Wurzelhals, an der das Edelauge oder -reis eingesetzt wurde. Zunächst entwickeln sich hiervon ausgehend die ersten Haupttriebe, die sich anschließend in Triebe aufsteigender Ordnung verzweigen. Die Triebe der höchsten Ordnung tragen jeweils die Vermehrungsorgane, die aus den Blüten hervorgehenden Früchte (Hagebutten).

Grundregeln

Jede Rose ist ein Individuum. So wird zum Beispiel nicht jede Teehybride gleich geschnitten. Ihrer jeweiligen Entwicklungssituation entsprechend sind beim Schnitt einer Rose folgende Grundregeln zu beachten:

- Starke Triebe werden wenig geschnitten. So wird die Rose gezwungen, ihre Kraft auf viele Knospen zu verteilen. Ein starker Schnitt würde einen übermäßigen Austrieb anregen. Die einzige Ausnahme stellt hierbei der Verjüngungsschnitt dar (siehe Seite 15).
- Schwache Triebe werden stark geschnitten. Die Rose kann ihre Kraft dann in wenigen Knospen sammeln. Auch ein schwacher Trieb kommt so zu einem guten Wachstum. Dies gilt besonders bei ohnehin schwach wachsenden Sorten.
- Die höchste Knospe eines Rosentriebes treibt früher und stärker als der Rest. So treibt die Knospe auf dem Scheitelpunkt eines gebogenen Trie-

bes auch am stärksten. Dieses Wissen hilft, die Knospenentwicklung und damit das spätere Erscheinungsbild der Rose vorauszuahnen.

- Die stärkste Blütenbildung findet je nach Rosenklasse am ein- oder zweijährigen Holz statt. Jeder Schnitt, der die Blütenbildung anregen soll, muss darauf ausgelegt sein, möglichst viele starke Verzweigungen zweiter und dritter Ordnung zu erzeugen. Dies gilt besonders für Triebe von Strauch- und Kletterrosen.
- Ein Trieb, der im Vorjahr kaum Zuwachs gezeigt hat, treibt auch dieses Jahr nur schwach aus. Deshalb sollten Sie schwache Verzeigungen immer bis auf den Astring entfernen.
- Zu viele Verzweigungen am Ende eines Haupttriebes führen zu einem Besenwuchs. Gabeln werden deshalb bis auf den stärksten oder am günstigsten sitzenden Trieb entfernt.

Schon „Rosenpapst“ Dietrich Woessner stellte fest: „Die richtige Ausführung des Schnittes setzt das Erkennen der Augen voraus“ (Woessner 1978).

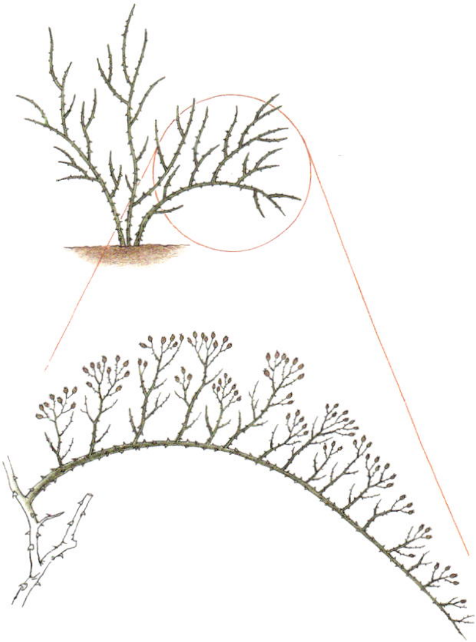

Typisch bei Rosen ist die Veranlagung, an der am höchsten gelegenen Knospe am stärksten auszutreiben. Dies kann auch der Scheitelpunkt eines Bogens sein.

- Der Schnitt verläuft leicht schräg vom Auge nach hinten. Wird der Schnitt zu schräg geführt, kann das Holz hinter dem Auge austrocknen und es stirbt ab. Es ist besser, Sie schneiden etwas zu gerade als zu schräg.
- Der Abstand zwischen Auge und Schnitt beträgt mindestens 5 mm und höchstens 10 mm bei starken Trieben mit über 2 cm Durchmesser. Wird der Schnitt zu knapp ausgeführt, trocknet er ein und die oberen Knospen nehmen Schaden. Ist zu viel Holz stehen geblieben, entsteht ein eingetrockneter Stumpf, der eine Eintrittspforte für Schadorganismen darstellt.
- Die oberste Knospe sollte wenn möglich immer nach außen zeigen.

Die verschiedenen Schnittarten

Pflanzschnitt

Der Pflanzschnitt hat die Aufgabe, der Rose den Neustart am neuen Standort zu erleichtern.

Wurzelnackte Ware

Die beste Pflanzzeit für wurzelnackte Rosen ist der Herbst. Die Pflanze kann im noch warmen Boden neue Wurzeln bilden, ohne gleich oberirdische Triebe entwickeln zu müssen. Die Frühjahrspflanzung regt genau dazu an und ist deshalb nicht ideal. Eine im Herbst gepflanzte Rose entwickelt sich im ersten Standjahr deutlich besser.

Unabhängig von der Pflanzzeit werden die Wurzeln der Rose auf 20–25 cm eingekürzt. Dadurch wird eine starke Verzweigung angeregt. Die oberirdischen Triebe wurden normalerweise in der Baumschule schon vorgeschnitten. Der eigentliche Rückschnitt der Triebe erfolgt immer erst im Frühjahr. Nur beschädigte Triebe werden sofort bis zu einer Verzweigung oder auf einen Astring entfernt.

Bei einer Rose der Qualitätsklasse A müssen drei gut entwickelte Triebe vorhanden sein. Zwei von ihnen müssen aus der Veredlungsstelle entspringen. Der dritte darf nicht mehr als 5 cm darüber ansetzen. An starken Trieben bleiben bis zu fünf Knospen (Augen) stehen. An schwachen Trieben bis zu drei Knospen.

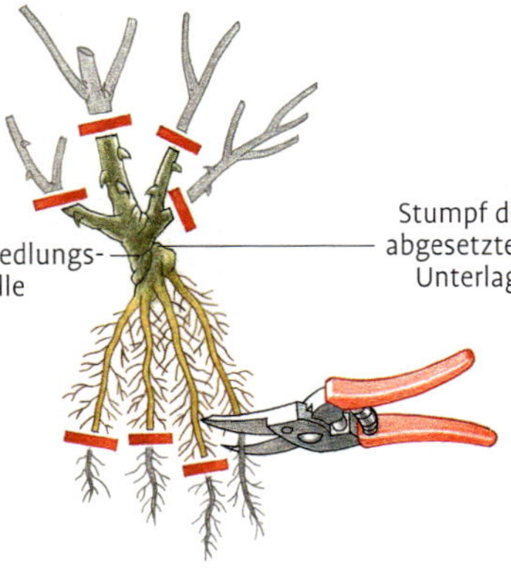

> **Tipp**
>
> Wurzelschnitt: Bei wurzelnackter Ware vor der Pflanzung durchführen!
> Rückschnitt der Triebe: ab Mitte März!

Containerware

Die Kultur von Rosen in Containern (Töpfen) hilft, den Eingriff des Rodens auf dem Veredlungsfeld, des wurzelnackten Versandes und den damit verbundenen Rückschritt in der Entwicklung der Rosenpflanze zu mindern. Die

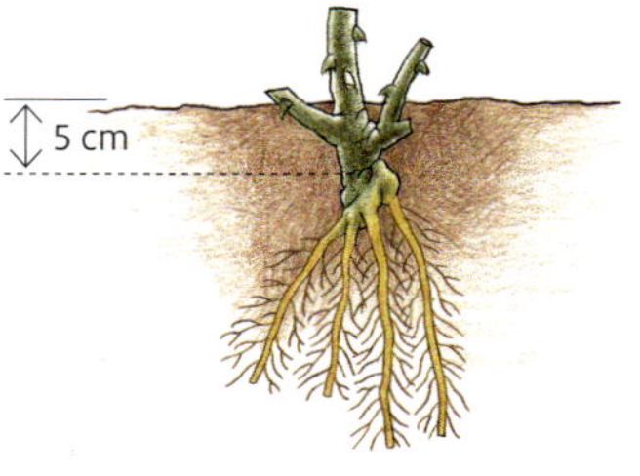

Nachdem die Rose 24 Stunden im Wasser gestanden hat, werden alle Triebe und die Wurzeln geschnitten. In beiden Fällen soll ein Neuaustrieb angeregt werden.
Die Pflanzung erfolgt so tief, dass die Veredlungsstelle 5 cm unter der Oberfläche liegt.

Rose erhält eine Zwischenkultur im Topf und nimmt dadurch einen Teil ihres unterirdischen Lebensraumes mit an den neuen Standort. Bei aufmerksamer Pflege ist eine fast ganzjährige Pflanzung möglich.

Die Wurzeln bleiben – je nach verwendetem Container und Standzeit der Rose im Topf – unbeschnitten. Gittertöpfe oder Töpfe aus verrottendem Material belässt man am Wurzelballen. Geschlossene Rosentöpfe aus Kunststoff muss man vor dem Pflanzen entfernen. Die Rose sollte das Substrat gut durchwurzelt haben. Nur dann fällt der Ballen nicht auseinander. Falls sich Wurzeln an der Topfwand entlang entwickelt haben (Drehwuchs), werden sie bis zu ihrer Austrittsstelle am Substratballen zurückgeschnitten. Sie wachsen sonst weiter im Kreis und geben der Rose keinen Halt. Dünne, bräunliche Wurzeln an der Ballenunterseite behandelt man ebenso.

Das Pflanzloch sollte mit einem ähnlichen Substrat wie dem der Baumschule gefüllt werden. Nur so können die Wurzeln ungehindert weiterwachsen.

Je nach Jahreszeit erfolgt der Rückschnitt der Triebe unterschiedlich: Im Herbst werden nur beschädigte oder trockene Pflanzenteile entfernt. Im Frühjahr und im Sommer nimmt man

Tipp

Wurzelschnitt: Bei Containerware je nach Topf vor der Pflanzung!
Rückschnitt der Triebe: je nach Jahreszeit erforderlicher Erhaltungsschnitt!

Oben: Diese verrottbaren Töpfe können beim Pflanzen an der Pflanze verbleiben.
Unten: Zur Präsentation im Verkauf haben sich solche Töpfe durchgesetzt.

einen jahreszeitlichen Erhaltungsschnitt vor.

Erhaltungsschnitt

Der Erhaltungsschnitt untergliedert sich in zwei bis drei Schnitte im Jahr. Er soll die Vitalität der Rose erhalten, den Aufbau der Pflanze unterstützen und gleichzeitig zu einer möglichst üppigen Blüte führen.

Frühjahrsschnitt

Im Frühjahr werden die Rosen je nach Klasse und Wuchsform zwischen Ende Februar und Mitte April zurückgeschnitten. Dies ist der erste Erhaltungsschnitt des Jahres. Ein etwas späterer Schnitt wird von den Rosen besser vertragen als ein verfrühter. Sollte es noch zu Spätfrösten kommen, besteht die Gefahr, dass die Knospen am geschnittenen Holz schon „im Saft stehen“ und geschädigt werden. Die Jahresentwicklung würde dadurch deutlich verzögert.

Frostschäden sollte man bis ins ungeschädigte Holz zurückschneiden. Der Trieb würde spätestens im Sommer vollständig absterben.

Tipp

Schnittzeitpunkt Frühjahrsschnitt: Strauch- und Kletterrosen ab Ende Februar/Anfang März, Buschformen ab Mitte März schneiden!

Generell werden ältere und beschädigte Triebe oder solche mit Frostschäden bis zu einer Verzweigung zurückgeschnitten oder ganz entfernt. Triebe mit Frostschäden an der Basis der Pflanze werden immer auf Astring am Ansatz entfernt. Diese Triebe würden spätestens im Laufe des Frühsommers absterben. Der Schnitt regt die Pflanze zur Bildung neuer Triebe aus der Veredlungsstelle an. Dadurch erreicht man eine ständige Verjüngung. Gleichzeitig werden die kräftigsten Haupttriebe des Vorjahres als Basis für eine neue Verzweigung verwendet. Sie sind je nach Klassenzugehörigkeit der Rose und der Stärke des Triebes zu schneiden.

Sommerschnitt

Sobald die Rose eine gewisse Blattmasse aufgebaut hat und die Temperatur auf 18–23 °C angestiegen ist, bildet sie an den Triebspitzen Blüten. Wenn diese verblüht sind, entwickeln sich daraus Früchte (Hagebutten). Wünschenswert ist dies ist aber in der

Tipp

Schnittzeitpunkt Sommerschnitt: nach der Blüte, je nach Sorte und Region ab Ende Juni!

Regel nur an Wildrosen und sonstigen einmalblühenden Rosen, da sie die weitere Blütenbildung der dauerblühenden und remontierenden Sorten unterbinden. Deshalb werden die Blütenstände dieser Rosen bis zu einem kräftigen Laubblatt, manche sogar bis über dem ersten vollständigen Blatt, entfernt.

Rosenblätter setzen sich aus Fiederblättchen zusammen. Kulturrosen haben drei, fünf oder sieben, Wildrosen bis zu fünfzehn Fiederblättchen. Man spricht bei Kulturrosen ab fünf Fiederblättchen von einem vollständigen Blatt. In der Achsel eines solchen Blattes sitzt eine Knospe, die einen starken Trieb hervorbringt. Je nach Klasse wird beim Rückschnitt ein ganzer Blütenbund oder nur eine Einzelblüte entfernt. Nach etwa drei bis vier Wochen – abhängig von der Stärke des Rückschnittes – hat sich eine neue Blüte entwickelt.

In günstigen Jahren kann dieser Schnitt ein weiteres Mal angewendet werden, um eine dritte Blüte zu erreichen. Ab Mitte September sollte Sie die Rose aber zur Ruhe kommen lassen. Neuaustriebe würden ohnehin vor dem ersten Frost weder aushärten noch verholzen.

Der Sommerschnitt der einmalblühenden historischen Rosen wird auf Seite 42 behandelt.

Den Wildling an der Kulturrose zu erkennen, ist dank der sehr unterschiedlichen Belaubung recht einfach. Links: Fiederblätter einer Kulturrose, rechts: Wildrose (*Rosa moyesii*).

Verjüngungsschnitt

Ein Verjüngungsschnitt soll die Vitalität einer Rose fördern, damit sie einen starken Austrieb aus der Basis hervorbringen kann.

Die Buschformen werden, sofern der Erhaltungsschnitt im Frühjahr richtig ausgeführt wird, automatisch verjüngt. Dort bleiben selten Triebe stehen, die älter als zwei Jahre sind. Strauch- und Kletterrosen brauchen ab dem vierten Standjahr einen Verjüngungsschnitt. Bei diesen Wuchsformen bilden die ältere Triebe das Grundgerüst der Pflanze. Mit ihnen gewinnen sie Höhe und Form.

Ab dem dritten Jahr verlieren die Haupttriebe aber an Wuchskraft. Weniger und schwächere Verzweigungen werden aufgebaut. Die Blätter sind anfälliger für Pilzkrankheiten. Wenn über die Jahre immer mehr alte

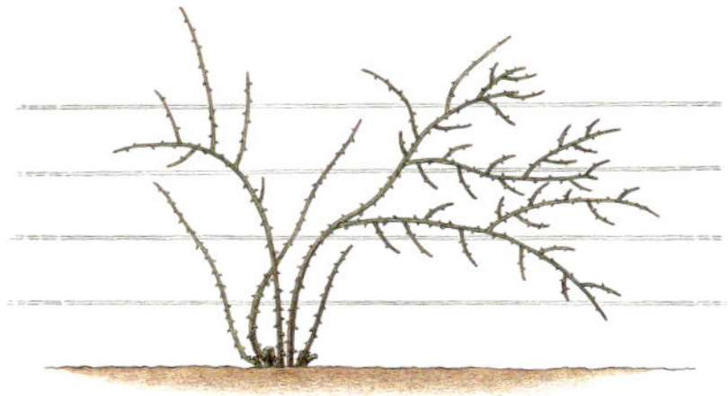

Wenn eine Kletterrose nur schwachen oder sogar keinen Neuaustrieb hervorbringt, kann sie durch einen starken Rückschnitt einzelner Triebe bis an die Basis Kraft schöpfen und wieder zu neuem Austrieb angeregt werden.
Nach dem Rückschnitt sind dem Frühjahr starke Neuaustriebe zu erwarten. Gleichzeitig wird die Rose an der Kletterhilfe möglichst fördernd formiert.

Auch eine überalterte, „langbeinige" Strauchrose lässt sich so über mehrere Jahre schonend verjüngen.

Haupttriebe belassen wurden, kann es vorkommen, dass ein Austrieb aus der Basis ganz ausbleibt. Die Rose scheint abzusterben. Die Kraft der Pflanze fließt dann ganz in den Erhalt der vorhandenen Holzmasse.

Wenn nun ein bis zwei alte Haupttriebe an der Basis auf Astring geschnitten werden und bei Kletterrosen noch dazu ein Seitentrieb erster Ordnung bis auf den Ansatz entfernt wird, bekommt die Rose die Möglichkeit, frei werdende Kraft in einen neuen Haupttrieb aus der Basis fließen zu lassen.

Ein richtig durchgeführter Verjüngungsschnitt fällt bei einer gewissenhaften Rosenpflege nicht auf. Jedes zweite Jahr angewendet, behält die Rose ihre Vitalität, ohne bedeutend an Masse zu verlieren. Der richtige Zeitpunkt des Schnittes richtet sich nach seiner Stärke: Je vernachlässigter die Rose ist, also je stärker geschnitten wird, um so früher muss man die Schnittmaßnahmen durchführen.

Tipp

Schnittzeitpunkt Verjüngungsschnitt: Mitte Februar bis Mitte März!

Schnittwerkzeuge

Rosenschere

Die Rosenschere ist das wichtigste Werkzeug des Rosengärtners. Sie wird für den Pflanz- und Erhaltungsschnitt am häufigsten benötigt.

Es gibt seit vielen Jahren zahlreiche Scheren- und Klingenformen. Einige grundsätzliche Eigenschaften muss die praktische Schere für den Rosenschnitt erfüllen:

- Sie muss eine schmale Spitze haben, um in engen Verzweigungen schneiden zu können.
- Der Griff sollte ergonomisch geformt sein. Wegen der zahlreichen Schnitte ist eine Rollgriffschere ideal. Sie schont die Sehnen des Handgelenkes. Nach einer Gewöhnungsphase will man eine solche Schere nicht mehr missen.
- Sie sollte eine Gegenklinge haben. Ambossscheren eignen sich für den Rosenschnitt nicht, da sie beim Schnitt der dünnen Rosenzweige Druck auf das empfindliche Holz hinter der Knospe ausüben. Außerdem bildet sich in der Ambossklinge schnell eine Kerbe. Diese führt zu einem unsauberen Schnitt, da das Holz nicht mehr vollständig durchtrennt wird.
- Die Klinge muss aus gutem Stahl sein, damit sie länger scharf bzw. zu schärfen bleibt.
- Bei besonders guten Scheren lassen sich Verschleißteile wie die Klinge und Kleinteile wie Schrauben, die beim Reinigen leicht verloren gehen, nachkaufen.

Schnittwerkzeuge von oben nach unten: spitze Säge, Astschere mit schmaler Spitze, Rosenschere.

- Nach jedem Gebrauch sollten Sie die Schere reinigen und alle Metallteile einölen. Dadurch wird sie vor Rost geschützt und ihre Funktion bleibt erhalten.

Astschere

Die Astschere ist die „große Schwester“ der Rosenschere. Astscheren kommen vor allem beim Erhaltungsschnitt im Frühjahr oder beim Verjüngungsschnitt zum Einsatz, wenn dickere Äste entfernt werden sollen. Es gelten die gleichen Anforderungen, die an die Rosenschere gestellt werden. Scheren mit den immer häufiger zu findenden breiten Gegenklingen lassen keinen sauberen Schnitt in Gabelungen zu. Sie verletzen das Holz der verbleibenden Triebe. Die Griffe der Schere sollten lang genug sein, um eine kraftvolle Schnittführung ohne „Nachhebeln“ zu ermöglichen.

Astsäge

Ab einer gewissen Dicke schneidet eine Astschere nicht mehr sauber. Ein Trieb mit mehr als 4 cm Dicke sollte mit einer Astsäge geschnitten werden. Das Sägeblatt muss schmal und spitz sein, um sich zwischen den Trieben vorsichtig ins Holz vorarbeiten zu können. Klappsägen mit einer guten Arretierung des Sägeblattes sind ideal für diese Arbeit.

Da solche Sägen meist nahe der Erde im Einsatz sind, werden die Sägeblätter schnell stumpf. Es gibt Hersteller, die aus diesem Grund für ihre Produkte günstige Ersatzblätter anbieten. Andere Hersteller bieten Sägen mit extrem hochwertigen Sägeblättern an, die sich nachschärfen lassen. Diese Arbeit verlangt aber einiges Geschick im Umgang mit der Feile.

Nach Rosenklassen schneiden

Erklärungen zu den Porträts

Blütenfüllung

einfach = 4–5 Blütenblätter

halbgefüllt = 6–15 Blütenblätter

gefüllt = 16–35 Blütenblätter

stark gefüllt = 36 und mehr Blütenblätter

Blattgesundheit

sehr anfällig

Pflege mit zugelassenem Mittel möglich

Befall möglich, Regeneration aus eigener Kraft

praktisch kein Befall

Duft

ohne

leicht

reichlich

intensiv

sehr intensiv

überragend

ADR-Rose

Das ADR-Symbol (Allgemeine Deutsche Rosenneuheitenprüfung) kennzeichnet die als besonders robust geltenden Vertreter, die über strenge Prüfverfahren ermittelt und ausgezeichnet werden (siehe auch Seite 100).
Sie sollten bei Ihrer Sortenwahl besonderes Augenmerk auf diese Rosen mit hoher Widerstandskraft legen.

Edelrosen

Frühjahrsschnitt

Zielsetzung

Eine Edelrose soll möglichst viele lange, gerade Blütenstiele bilden, die später die Blüten tragen können. Zu viele Verzweigungen stören dabei diese Entwicklung. Sie würden zu schwache Triebe zweiter oder dritter Ordnung hervorbringen.

Je nach Wuchskraft der Rose erfolgt der Rückschnitt auf drei bis sechs kräftige Triebe mit je drei bis fünf Knospen.
Aus diesem „Rest" entwickelt sich bis Ende Mai eine kräftige Pflanze.

Nach dem Schnitt setzt ein starker Neuaustrieb ein.

Vorgehensweise

Zuerst entfernen Sie abgestorbene, erfrorene und beschädigte Triebe bis ins gesunde Holz. Dann werden alle stärkeren Triebe auf fünf Augen und alle schwächeren Triebe auf drei Augen zurückgeschnitten.
Wählen Sie jetzt bei einer schwach wachsenden Sorte drei bis vier gesunde, kräftige Triebe aus, die Sie erhalten. Alle anderen werden am Ansatz entfernt. Bei einer stark wachsenden Sorte verbleiben fünf bis sechs Triebe. So können sich die neuen Verzweigungen optimal entwickeln, ohne sich gegenseitig zu behindern.

Besonderheiten/Hinweise

Schneiden Sie an älteren Rosen möglichst einen mehrjährigen Trieb bis zum Ansatz am Boden zurück. Durch einen Neuaustrieb aus der Basis wird eine Verjüngung angeregt. Es kommt so nicht zur Vergreisung der Pflanzen. Die Pflanzen werden außerdem nicht „hochbeinig“ durch fehlende Seitentriebe im bodennahen Bereich.

Sommerschnitt

Zielsetzung

Die Förderung einer schnellen Blütenbildung für den zweiten Flor.

Vorgehensweise

Die abgeblühten Zweige werden über dem ersten vollständigen Fiederblatt (fünf Teilblätter) geschnitten. Edelrosen mit mehreren Blüten an einem Stiel, meist *Floribunda-Grandiflora*-Hybriden, bekommen fortlaufend die verblühten Einzelblüten entfernt. Die

Der Rückschnitt nach der Blüte der Edelrose erfolgt über dem ersten gut entwickelten Fiederblatt.

Blütezeit der Nebenknospen wird dadurch deutlich verlängert. Wenn nur noch eine oder zwei Knospen übrig sind, kann der ganze Trieb schon zugunsten der Entwicklung des Folgeflors wie vorher beschrieben geschnitten werden.

Besonderheiten/Hinweise

Achten Sie darauf, im Sommer nicht zu stark zurückzuschneiden, da dies einen starken Holzaufbau fördert und die zweite Blütenbildung verzögern würde.

Rechte Seite:
Oben: Nach der Blüte kommt es zur Hagebuttenbildung.
Unten: Die Hagebutten werden durch den Sommerschnitt entfernt und dadurch eine weitere Blüte angeregt.

‘Grande Amore’

(Kordes 2004)

Blüte: leuchtend purpurrot, ∅ 8–10 cm
Wuchs: buschig aufrecht, 60–80 cm
Besonderheiten: für Vasenschnitt geeignet

‘Duftfestival’

(Meilland 2000)

Blüte: samtrot, edel, ∅ 10 cm
Wuchs: kräftig, aufrecht, 60 cm
Besonderheiten: Duft nach historischen Rosen

‘Elbflorenz’

(Meilland 2006)

Blüte: fuchsiarot, ∅ 8–10 cm
Wuchs: straff aufrecht, 60–80 cm
Besonderheiten: für Vasenschnitt geeignet, edle Form

‘Pink Paradies’

(Delbard 2011)

Blüte: kräftig pink, gelb geflammt, ∅ 8–10 cm
Wuchs: aufrecht, 90 cm
Besonderheiten: schnell nachblühend

‘Berolina’

(Kordes 1986)

Blüte: zitronengelb, ∅ 11 cm
Wuchs: straff aufrecht, bis 130 cm
Besonderheiten: regenfest, für Vasenschnitt geeignet

‘Elina’

(Dicksen/RU 1984)

Blüte: primelgelb bis cremeweiß, ∅ 14 cm
Wuchs: breit buschig, 70–90 cm
Besonderheiten: Weltrose 2006, für Vasenschnitt geeignet

‘Annapurna’

(Dorieux 2002)

Blüte: weiß, edle Blütenform, ∅ 10 cm
Wuchs: aufrecht buschig, 80 cm
Besonderheiten: berauschender Duft

‘Nostalgie’

(Tantau 1995)

Blüte: cremeweiß mit kirschrotem Rand, ∅ 10 cm
Wuchs: buschig aufrecht, 70–80 cm
Besonderheiten: Blüte öffnet sich ballförmig, für Vasenschnitt geeignet

Beetrosen

Frühjahrsschnitt

Zielsetzung

Mit diesem Schnitt will man die Bildung möglichst viele Blütentriebe mit zahlreichen Blüten anregen. Dabei darf die Pflanze nicht zu langtriebig werden, da sie sonst auseinander fällt und der eigentlich buschige Charakter verloren geht.

Vorgehensweise

Zuerst sollte man feststellen, ob die Sorte starkwachsend oder schwachwachsend ist, ob sie sich buschig verzweigt oder eher straff aufrecht wächst. Dann werden alle beschädigten und abgestorbenen Triebe entfernt oder bis ins gesunde Holz zurückgeschnitten. Nun schneiden Sie alle Triebe der Wuchskraft der Sorte entsprechend zurück. Bei einer stark wachsenden Sorte wird jeder Trieb auf fünf Augen, bei einer schwachwachsenden auf drei Augen zurückgeschnitten. An einem älteren Exemplar, das sich breiter aufbaut, kann man auch auf Verzweigungen zweiter Ordnung schneiden. Jetzt gilt es, drei bis fünf gute Triebe erster Ordnung auszuwählen, die erhalten werden. Der Rest wird am Ansatz entfernt. Bei sehr buschigen, starkwachsenden Sorten können auch zwei Triebe zweiter Ordnung an einem kurzen Haupttrieb verbleiben. Die Auswahl sollte auch den Aufbau der Pflanze und das Verhältnis zu ihren Nachbarpflanzen berücksichtigen, damit sich die Rose frei entwickeln kann.

Um einer schwach wachsenden Beetrose eine gute Entwicklung zu ermöglichen, verbleiben nur drei gesunde Triebe mit je drei Knospen.

Um die Wuchskraft einer stark wachsenden Beetrose zu leiten, verbleiben fünf Triebe mit je fünf Knospen. So wird sie sich buschiger entwickeln.

Aus den verbliebenen Knospen baut sich eine kräftige Pflanze auf.

Besonderheiten/Hinweise

Wenn möglich, sollte immer ein Trieb erster Ordnung ganz entfernt werden, um die Selbstverjüngung durch Austriebe aus der Basis anzuregen. So könnten etwa nur vier statt fünf Triebe stehen bleiben.

Sommerschnitt

Zielsetzung

Hiermit möchte man einen üppigen, schnellen Folgeflor fördern, ohne die Rose zu übermäßiger Holzbildung anzuregen.

Vorgehensweise

Der Beginn des Rückschnittes hängt davon ab, ob die Rose in einer Gruppe steht oder als Einzelpflanze wirken soll.

Wenn Sie eine flächige Blüte wünschen, wird der Rückschnitt ganzer Blütenbüschel oder Dolden erst vorgenommen, wenn etwa drei Viertel des Flors verblüht sind. Vorher werden aus ästhetischen Gründen lediglich Einzelblüten entfernt. Durch den einmalige Komplettrückschnitt kommt das ganze Beet wieder als Fläche zur Blüte.

Wünschen Sie die Einzelwirkung der Pflanzen, kann der Rückschnitt für jeden Blütenstand individuell erfolgen. Sie haben dann fast einen fließenden Übergang zwischen erstem und zweitem Flor. Die Gesamtwirkung ist dadurch aber etwas zurückhaltender.

Geschnitten wird immer nur der Blütenstand über einem der ersten kräftigen Laubblätter. Es bleibt möglichst viel Holz erhalten.

Besonderheiten/Hinweise

Der Sommerschnitt wiederholt sich bis Anfang September. Dann lassen Sie die Rose zur Ruhe kommen.

Links: Um einen schnellen Folgeflor zu gewährleisten und nicht zu starke Holzbildung anzuregen, werden bei den Beetrosen nur die Blütenstände über dem ersten Laubblatt entfernt.

Links:
Die Blütenstände beginnen nun zu reifen. Deshalb werden sie entfernt.
Unten:
Durch den hohen Schnittansatz kommt es zu wenig Blattverlust.

'Out of Rosenheim'

(Kordes 2010)

Blüte: mittelrot, sehr reichblühend, nostalgisch, ∅ 8 cm
Wuchs: schlank aufrecht, 80 cm
Besonderheiten: sehr wetterfest

'Resonanz'

(Noack 2005)

Blüte: leuchtend rot, halbgefüllte Rispen, ∅ 6 cm
Wuchs: breitbuschig, aufrecht, 90 cm
Besonderheiten: leuchtende Sonnenfestigkeit

'Utopia'

(Delbard 2012)

Blüte: karminrosa, Dolden, ∅ 8cm
Wuchs: bogig überhängend, 80 cm
Besonderheiten: sehr regenfest

'Baronesse'

(Tantau 2009)

Blüte: pink, ∅ 6–8 cm
Wuchs: buschig kompakt, 70 cm
Besonderheiten: gute Schnittsorte, sonnenfest, nostalgische Form

‘Madame Anisette’

(Kordes 2013)

Blüte: creme-apricot, ∅ 8 cm
Wuchs: straff aufrecht, 80 cm
Besonderheiten: trotz starker Füllung regenfest und sonnenbeständig

‘Aspirin-Rose’

(Tantau 1997)

Blüte: weiß, ∅ 5 cm
Wuchs: breit buschig, 60–80 cm
Besonderheiten: hitzeverträglich, regenfest

‘Stuttgardia’

(Kordes 2012)

Blüte: leuchtend gelb, ∅ 8 cm
Wuchs: breitbuschig, 80 cm
Besonderheiten: nicht verblassend

‘Westzeit’

(Noack 2004)

Blüte: leuchtend orange, ∅ 6 cm
Wuchs: straff aufrecht, 60 cm
Besonderheiten: hitzeverträglich, regenfest, schneller Folgeflor

Strauchrosen

Frühjahrsschnitt remontierender Sorten

Zielsetzung

Strauchrosen bauen sich über mehrere Jahre auf. Sie müssen erst ein starkes Gerüst aus Trieben erster und zweiter Ordnung bilden. Dieses Gerüst trägt dann die Jahrestriebe mit den Blüten. Gleichzeitig sollte man aber auch auf einen fließenden Ersatz dieser gerüstbildenden Verzweigungen hinarbeiten, um ein Verkahlen im unteren Strauchbereich zu verhindern.

Vorgehensweise

Zuerst schneiden Sie alle abgestorbenen und beschädigten Verzweigungen bis ins gesunde Holz zurück. Nun werden Langtriebe erster Ordnung, die sich im Vorjahr gebildet haben, auf etwa 20 cm unter den Strauchdurchmesser des letzten Frühjahrsschnittes zurückgeschnitten. Dadurch wird ihre weitere Verzweigung und das Dickenwachstum angeregt. Jetzt werden alle übrigen Verzweigungen zweiter und dritter Ordnung auf drei bis fünf Augen geschnitten. An ihnen werden sich die meisten blütentragenden Triebe bilden. Nun müssen Sie die besten drei bis fünf Haupttriebe auszuwählen, die dieses Jahr ihre Rose formen. Schwache oder überalterte Triebe werden am Ansatz entfernt. In einem zu dichten Strauch können die Blätter schlecht abtrocknen und es breiten sich leichter Pilze aus. Außerdem haben es die für

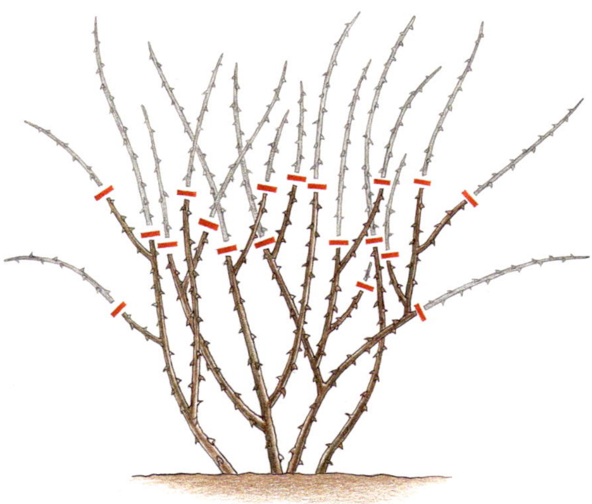

An den modernen Strauchrosen wird ein luftiges, sparriges Gerüst aus Trieben erster bis dritter Ordnung aufgebaut.

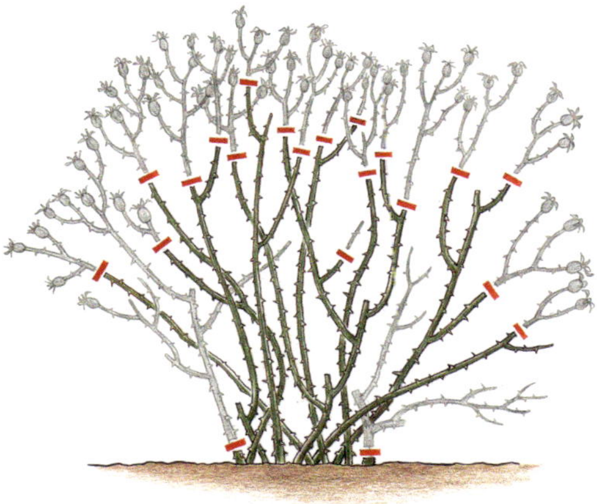

Historische remontierende Strauchrosen bleiben nach dem Schnitt deutlich dichter stehen als ihre modernen Verwandten. Ihre oft deutlich dünneren Triebe stützen sich so gegenseitig.

Geschnittene Strauchrose mit Austrieb Ende Mai.

die Verjüngung wichtigen Austriebe aus der Basis schwerer, sich zu entwickeln.

Besonderheiten/Hinweise

Wenn Ihre Rose keine kräftigen Triebe aus der Basis mehr bildet, sollten Sie einen stärkeren Rückschnitt, ähnlich dem radikaleren Verjüngungsschnitt, vornehmen. Dabei wird die Rose um etwa die Hälfte zurückgeschnitten und mindestens ein starker Haupttrieb am Ansatz entfernt. Die freiwerdende Kraft sollte eine Neubildung ermöglichen.

Remontierende historische Rosensorten mit dünneren Trieben, die sich unter dem Blütengewicht leicht umlegen, behalten deutlich mehr Triebe. Bei ihnen stützt das „Geflecht" der älteren Triebe die jüngeren. Ansonsten werden sie wie die modernen Strauchrosen behandelt.

Sommerschnitt remontierender Sorten

Zielsetzung

Es gilt, eine möglichst lange Blüte zu erreichen und die Bildung des Folgeflors zu fördern. Historische remontierende Sorten benötigen den Schnitt oftmals, um überhaupt weitere Blüten bilden zu können. Die Entwicklung der Hagebutten schließt ansonsten ihren Jahreszyklus ab und es kommt nur im Spätsommer zu einer leichten Nachblüte.

Vorgehensweise

Einzelblüten schneiden Sie bis zum ersten vollständigen Laubblatt zurück. Dadurch werden eine stärkere Verzweigung und die neue Blütenbildung angeregt. Aus Blütenbüscheln und Dolden werden zuerst die verblühenden Einzelblüten ausgeschnitten. So verlängern Sie die Haltbarkeit der Folgeblüten. Später entfernen Sie nur den Blütenstand über dem ersten Blatt. Bei diesen Rosen soll eine kurze Verzweigung aus den oberen Knospen, jedoch kein Längenwachstum im oberen Strauchbereich gefördert werden.

Besonderheiten/Hinweise

Je häufiger und früher die Blüten remontierender historischer Sorten geschnitten werden, desto stärker fällt der Folgeflor aus. Sehr starke Jahrestriebe sollten Sie bis auf zwei Drittel zurückschneiden. Dadurch regen Sie schon dieses Jahr erste Verzweigungen an. Ab Anfang September sollten Sie die Rose zur Ruhe kommen lassen.

Links: Der Rückschnitt nach der Blüte der Strauchrosen mit Einzelblüten erfolgt über dem ersten gut entwickelten Fiederblatt.
Rechts: Bei Strauchrosen mit Blütenbüscheln werden nur die Blütenstände über dem ersten Laubblatt geschnitten.

‘Famosa’

(Noack 2002)

Blüte: leuchtend rot, in Dolden, ∅ 6 cm, öfterblühend
Wuchs: buschig aufrecht, 120 cm
Besonderheiten: UV-beständiges Rot, dunkles Laub

‘Roter Korsar’

(Kordes 2004)

Blüte: leuchtend dunkelrot, ∅ 9 cm, öfterblühend
Wuchs: buschig, leicht überhängend, 150 cm
Besonderheiten: starkwüchsig

‘Flashlight’

(Noack 2006)

Blüte: leuchtend rosa, in Dolden, ∅ 10 cm
Wuchs: locker aufrecht, 130 cm
Besonderheiten: sehr wetterfest, Blüte wie Englische Rosen

‘La Rose de Molinard’

(Delbard 2008)

Blüte: kräftig rosa, ∅ 10 cm
Wuchs: breitbuschig, 150 cm
Besonderheiten: moderner Wuchs mit nostalgischer Blüte

'Summer Memories'

(Kordes 2004)

Blüte: cremeweiß, ∅ 10 cm, öfterblühend
Wuchs: buschig, aufrecht, 130 cm
Besonderheiten: nostalgische Blütenform

'Friedenslicht'

(Tantau 2015)

Blüte: creme zu weiß, ∅ 6–8 cm
Wuchs: bogig überhängend, 120–150 cm
Besonderheiten: nostalgische Form

'Arabia'

(Tantau 2010)

Blüte: dunkelorange, ∅ 8–11 cm
Wuchs: breitbuschig, 120–150 cm
Besonderheiten: späte Blüte

'Postillon'

(Kordes 1998)

Blüte: leuchtend gelb, ∅ 10 cm, öfterblühend
Wuchs: straff aufrecht, 160 cm
Besonderheiten: regenfest, sehr reichblühend

Winterschnitt einmalblühender Sorten

Im Gegensatz zu remontierenden Rosensorten erfolgt der eigentliche Aufbauschnitt der einmalblühenden Sorten nicht im Frühjahr, sondern im Sommer des Vorjahres. Im Winter wird der Strauch nur noch „in Form" gebracht.

Zielsetzung

Einmalblühende historische Rosensorten erfordern von Ihnen ein anderes Vorgehen beim Schnitt. Diese Rosen bilden Kurztriebe mit Blüten am Holz des Vorjahres. Sie besitzen häufig dünnere, biegsamere Verzweigungen als ihre modernen Verwandten. Die älteren Triebe stützen dabei die jungen Ruten. Sie sollten also so viele starke und gesunde Triebe wie möglich zu erhalten. Gleichzeitig dürfen Sie aber nicht die Verjüngung aus dem Auge verlieren.

Vorgehensweise

Im ausgehenden Winter, Ende Februar bis Anfang März, wenn sich die Pflanze noch in Winterruhe befindet, werden bei den einmalblühenden Rosen die verbliebenen Langtriebe des vergangenen Sommers auf Strauchniveau zurückgeschnitten. Achten Sie darauf, dass mindestens 10–15 cm und drei bis fünf Augen vom Trieb erhalten bleiben. Wenn die Triebe zu lang gelassen werden, fällt der Strauch leicht unter der Blütenlast an den äußeren

Um den Habitus des Strauches zu erhalten, werden die Spitzen der Spätsommertriebe des letzten Jahres auf das Blütenniveau zurückgenommen. Es bleiben am Trieb aber immer drei bis fünf Knospen erhalten. Zusätzlich werden die verbliebenen Fruchtstände entfernt.

Nach dem Einkürzen der letztjährigen Triebe haben sich bis Anfang Juni zahlreiche kurze, frischgrüne Blütenansätze gebildet.

Astbereichen auseinander. Um eine schöne Höhenstaffelung zu erreichen, sollten Sie schon bei der Erziehung der Rose darauf achten, die Haupttriebe am Rand etwas kürzer zu halten. Durch den stärkeren Rückschnitt der äußeren Triebe verkahlt die Pflanze am Fuß auch nicht.

Ab dem vierten Jahr verliert das Holz an Kraft. Es bringt weniger Verzweigungen und damit auch weniger Blüten hervor. Auch die Blätter werden anfälliger für Blattpilze. Deshalb sollte Sie solche Triebe entfernen. Wenn Sie dies nach dem ersten Aufbau des Strauches Jahr um Jahr machen, behält er Volumen und Stabilität. Es wird immer wieder Platz geschaffen und Kraft freigesetzt für frische Austriebe aus der Basis. Schneiden Sie alte Ruten komplett heraus, dadurch werden keine jüngeren durch querstehende Verzweigungen verletzt.

Besonderheiten/Hinweise

Es gibt auch Rosenliebhaber, die diese Rosen überhaupt nicht schneiden. Die Sträucher werden dann deutlich größer als in historischen Quellen beschrieben, haben aber nicht unbedingt mehr Blüten, da eine Förderung der Blütenbildung entfällt. Dann wird alle fünf bis sechs Jahre ein starker Verjüngungsschnitt ähnlich dem der Wildrosen nötig, um die Rose vor einer Überalterung zu bewahren.

Sommerschnitt einmalblühender Sorten

Zielsetzung

Die Habitus des Strauches soll erhalten und die Anzahl der Blütentriebe des nächsten Jahres vermehrt werden.

Vorgehensweise

Nach der Blüte im Frühsommer setzt das Längenwachstum ein. Im Juli sollten Sie die sich bildenden Langtriebe auf etwa 5–10 cm unterhalb des diesjährigen Blütenniveaus einkürzen. Dadurch wird das Längenwachstum unterbrochen und noch in diesem Sommer ein Austrieb an den oberen Knospen angeregt. Dies führt zur Bildung zusätzlicher kurzer Blütentriebe für das Folgejahr. Da die wenigsten dieser Rosensorten besonders schmückende Hagebutten entwickeln, sollten auch die Blütentriebe eingekürzt und dadurch zu einer Seitenverzweigung angeregt werden.

Besonderheiten/Hinweise

In klimatisch milderen Regionen wie dem Rheinland, Südengland oder dem südlichen Frankreich setzt das Längenwachstum schon vor der Blüte ein. Dann ist dieser Schnitt entsprechend früher anzusetzen, da sonst ein Teil der Blüte vom Laub der Langtriebe verdeckt würde.

Im August werden die sich entwickelnden Langtriebe auf Strauchniveau zurückgeschnitten und so eine mehrfache kurztriebige Verzweigung angeregt.

Über den vergangenen Blüten hat die ‘Königin von Dänemark’ zahlreiche Austriebe gebildet. Diese werden nun zur Förderung der Verzweigung und zur Erhaltung des Habitus eingekürzt.
Die Aufnahme zeigt die Rose mit Tautropfen auf den Blättern, was ihnen einen Grauschleier verleiht.

‘Tuscany Superb’

(Paul 1848)

Blüte: samtig dunkelrot, gelbe Staubgefäße, ∅ 6 cm, Duft einmalblühend (Juni)
Wuchs: buschig aufrecht, 120 cm
Besonderheiten: Sorte der Art *Rosa gallica*, oft mit der nur 90 cm hohen ‘Tuscany’ verwechselt

‘Königin von Dänemark’

(Booth 1816)

Blüte: silbrig rosa, zur Mitte dunkler, ∅ 8 cm, einmalblühend
Wuchs: bogig überhängend, 150 cm
Besonderheiten: Alba-Rose, sehr frosthart

‘Mme Hardy’

(Hardy 1832)

Blüte: weiß mit grüner Mitte, ∅ 7 cm, einmalblühend (Mitte Juni für sechs Wochen)
Wuchs: aufrecht, leicht überhängend, 150 cm
Besonderheiten: Sorte der Damaszenerrose (*Rosa damascena*), verträgt Halbschatten

‘Maigold’

(Kordes 1953)

Blüte: goldgelb mit Kupfer, ∅ 9 cm, einmalblühend (ab Mitte Mai)
Wuchs: breitbogig überhängend, 250 cm
Besonderheiten: Samenechte Sorte der Bibernell-Rose (*Rosa pimpinellifolia*)

Kletterrosen

Neben der Formierung ist der Schnitt die zweite Säule des Blütenreichtums einer Kletterrose. Diese Rosengruppe unterteilt sich hinsichtlich des Schnittes in einmal- und öfterblühende Sorten. Innerhalb der Gruppe der einmalblühenden Rosen gibt es dann noch einen Unterschied zwischen den *Rosa multiflora*-Hybriden und den sonstigen Ramblern, etwa Hybriden von *Rosa wichuriana*, *Rosa arvensis* oder den Climbern. Gerade bei den Kletterrosen muss vor dem Schnitt der Weg zum erstrebten Ergebnis klar sein.

Frühjahrsschnitt öfterblühender Kletterrosen

Zielsetzung

Die Kletterrose soll ihre Kletterhilfe gleichmäßig bedecken. Es soll eine Verjüngung und ein Aufbau aus der Basis erfolgen. In der Strauchmitte müssen starke Triebe zweiter Ordnung für den Raumgewinn gezogen werden. Möglichst viele Seitenverzweigungen höherer Ordnung sollten durch den Schnitt zum Blütenbesatz angeregt werden.

Links ist angedeutet, wie die Kurztriebe zurückgeschnitten werden. Rechts ist der Arbeitsschritt erfolgt und die Rose kann neu an der Kletterhilfe formiert werden.

Die Rose ist formiert und ein gleichmäßiger Austrieb setzt ein.

Vorgehensweise

Zuerst sollten Sie die Rose möglichst von ihrer Rankhilfe lösen und die Triebe so gut es geht auslegen. Wenn sich im letzten Sommer ein starker Langtrieb aus der Basis entwickelt hat, können Sie dort im Gegenzug einen älteren Trieb am Ansatz entfernen. Dadurch wird zum einen Kraft für die Entwicklung weiterer Langtriebe freigesetzt, zum anderen eine stärkere Verzweigung auf mittlerer Strauchhöhe ermöglicht. Jetzt schneiden Sie alle Verzweigungen zweiter oder höherer Ordnung entlang der Haupttriebe auf drei bis fünf Augen zurück. Dies sind in der Regel die Blütentriebe des letzten Sommers. Achten Sie aber darauf, gut entwickelte Langtriebe unbeschnitten stehen zu lassen. So sind nun „Hühnerleitern" mit einzelnen längeren Sprossen entstanden. Jetzt beginnen Sie die „Hühnerleitern" eine nach der anderen an der Kletterhilfe zu formieren. Die belassenen Langtriebe dienen dazu, Lücken in der Bedeckung zu schließen. Sollten es zu viele sein, werden die überzähligen eingekürzt.

Besonderheiten/Hinweise

Beginnen Sie bei der Formierung immer mit dem besten Trieb und arbeiten sie sich hinsichtlich deren Vitalität abwärts. Unter Umständen werden nicht alle „Hühnerleitern" benötigt und dann kann die schwächste am Ende entfernt werden.

Sommerschnitt öfterblühender Kletterrosen

Zielsetzung

Es soll ein starker zweiter Flor und der weitere Aufbau der Rose gefördert werden.

Vorgehensweise

Die verblühenden Rosen können fortlaufend geschnitten werden. So wirken gerade Rosen mit Blütenbüscheln deutlich gepflegter. Einzelblüten, aber auch komplett verwelkte Blütenstände werden bis zum ersten vollständigen Laubblatt entfernt. Der darauf folgende stärkere Austrieb der verbliebenen Knospen ist bei Kletterosen durchaus wünschenswert. Langtriebe, egal wo sie entstehen, sollten Sie nicht zurückschneiden. Binden Sie diese nur in die Rankhilfe mit ein. Im nächsten Jahr werden sie zur Verjüngung und zum weiteren Aufbau benötigt. Außerdem können sich an den Trieben noch dieses Jahr erste Blüten bilden.

Der Rückschnitt nach der Blüte der Kletterrosen erfolgt über dem ersten gut entwickelten Fiederblatt.

Es mag Privatgärten geben, in denen sich eine Ramblerrose völlig frei entwickeln darf. In einem entsprechend tragfähigen Baum wirkt dies besonders schön. In der Regel werden die meisten Rambler jedoch an einer anderen Kletterhilfe kultiviert. Es kommt ihrer Wirkung dabei sehr entgegen, wenn ihre Entwicklung durch einen leitenden Schnitt begleitet wird.

Frühjahrsschnitt einmalblühender Kletterrosen

Zielsetzung

Durch den Rückschnitt soll der Blütenansatz gefördert, die Verzweigung gesteuert und – besonders bei *Rosa multiflora*-Hybriden – ein starker Neuaustrieb aus der Basis angeregt werden.

Vorgehensweise

Auch Rambler sollten für den Schnitt von ihrer Kletterhilfe gelöst werden. Schneiden Sie zuerst alle beschädigten und abgestorbenen Teile bis ins gesunde Holz zurück. Ab dem dritten Standjahr müssen Sie, sofern genügend Triebe erster Ordnung vorhanden sind, einen der älteren von diesen entfernen. Ebenso entfernen Sie schwache Austriebe am Ansatz. Dadurch wird immer wieder die frühe Bildung starker, langer Triebe aus der Basis angeregt. Die entsprechenden Verzweigungen an diesen Ruten blühen dann im kommenden Jahr am stärksten.

An den zwei- bis dreijährigen Trieben werden die Verzweigungen, die letztes Jahr schon Blüten getragen oder die sich im Hochsommer gebildet haben, auf drei Augen zurückgeschnitten. Das können auch Verzweigungen dritter Ordnung sein. An diesen Sprossen werden sich blütentragende Kurztriebe bilden. Einige besonders kräftige Langtriebe lassen Sie unbeschnitten, um mit ihnen Höhe zu gewinnen oder Fläche zu bedecken. Durch Anschneiden ihrer Spitzen wird eine stärkere Seitenverzweigung angeregt. Die entstandenen langen „Hühnerleitern" werden an der Kletterhilfe neu formiert.

Besonderheiten/Hinweise
Bei Climber-Rosen dürfen die Langtriebe niemals vollständig entfernt werden, da sonst die Gefahr besteht, dass die ursprüngliche Wuchsform durchschlägt. Hybriden von *Rosa multiflora* benötigen dagegen einen besonders starken Rückschnitt, da die Art kurzlebige Triebe erster Ordnung entwickelt. Nur so behalten sie ihre überwältigende Blühkraft.

Sommerschnitt einmalblühender Kletterrosen

Zielsetzung/Hinweise
Dieser Schnitt entfällt fast vollständig. Nur an extrem stark wachsenden Sorten kann ein Teil der sich entwickelnden Langtriebe bereits im Hochsommer (Juli/August) an den Spitzen eingekürzt werden. Dadurch wird das Längenwachstum gestoppt und es entwickeln sich erste Seitenverzweigungen, die im folgenden Jahr zusätzliche Blüten tragen. Ansonsten sollte man die restlichen Langtriebe von Zeit zu Zeit ordnend einbinden.

Links: Im Hintergrund ist an den Trieben zu sehen, wie die Verzweigungen geschnitten werden. Dabei bleiben immer auch einige Langtriebe erhalten. Im Vordergrund liegt ein fertiger Trieb bereit, neu formiert zu werden.

Rechte Seite:
Oben: Nach dem Schnitt kommt es an den „Stummeln" zur Blütenbildung an zahlreichen Kurztrieben.
Unten: Die Langtriebe dieses Sommers tragen nächstes Jahr die Blüten und dienen vor allem dem Aufbau und der Verjüngung.

‘Rotfassade’

(Noack 1997)

Blüte: rot, in Dolden, ∅ 6 cm, öfterblühend
Wuchs: 300 cm
Besonderheiten: rötliche Herbstfärbung

‘Erinnerung an Brod’

(Geschwind 1886)

Blüte: violettrot, ∅ 4 cm, remontiert
Wuchs: 300 cm
Besonderheiten: verträgt gut Halbschatten

‘Laguna’

(Kordes 2004)

Blüte: kräftig pink, ∅ 10 cm, öfterblühend
Wuchs: 250 cm
Besonderheiten: nostalgische Blütenform

‘Giardina’

(Tantau 2008)

Blüte: rosa, groß geviertelt, ∅ 10 cm
Wuchs: 300 cm
Besonderheiten: sehr nostalgisch und doch regenfest

'Guirlande d'Amour'

(Lens 1993)

Blüte: weiß, in dichten Dolden, ∅ 4 cm
Wuchs: 300 cm
Besonderheiten: sehr frosthart, Hagebuttenschmuck

'Direktor Benshop'

(Tantau 1945)

Blüte: rahmweiß mit zitronengelber Mitte, ∅ 7 cm, einmalblühend (etwa 4 Wochen)
Wuchs: 450 cm
Besonderheiten: Hybride der Art *Rosa wichuriana*

'Golden Gate'

(Kordes 2005)

Blüte: goldgelb, in Dolden, ∅ 9 cm, öfterblühend
Wuchs: 250 cm
Besonderheiten: Laub und Blütenfarbe harmonieren sehr gut miteinander.

'Ghislaine de Féligonde'

(Turbat 1916)

Blüte: gelborange/aprikot, ∅ 4 cm, remontiert
Wuchs: 250 cm
Besonderheiten: Hybride der Art *Rosa multiflora*, verträgt Halbschatten

Kleinstrauchrosen und Bodendecker

Frühjahrsschnitt

Zielsetzung

Je nachdem, wie Sie Kleinstrauchrosen verwenden, sind zwei Zielsetzungen möglich: Solitärpflanzen und kleine Gruppen oder flächendeckende Pflanzung.

Einzelpflanzen sollen natürlich wirken und eine möglichst üppige Blüte hervorbringen. Ist eine ansprechende Flächendeckung gewünscht, wird eine möglichst starke Verzweigung angestrebt. Die Einzelpflanze ist nicht mehr zu erkennen.

Vorgehensweise bei Einzelwirkung (Kleinstrauch)

Zuerst schneiden Sie alle beschädigten oder abgestorbenen Triebe bis ins gesunde Holz zurück. Nun wählen Sie je nach Wuchskraft der Sorte drei bis fünf starke Triebe zweiter Ordnung aus, die erhalten werden. Den Rest entfernen Sie am Ansatz. Verzweigungen dritter Ordnung an den verbliebenen Haupttrieben schneiden Sie auf drei bis fünf Augen zurück. Zuletzt kürzen Sie die Haupttriebe so ein, dass jeweils zwei bis drei der Seitentriebe erhalten bleiben. Dadurch baut sich ein kleiner Strauch auf. Starke Triebe aus der Basis werden zur Förderung der Verzweigung um ein Drittel gekürzt.

Die Kleinstrauchrose wird wie die größeren Verwandten von einem luftigen Gerüst aus Trieben gebildet. Es soll ein kleiner Solitärstrauch entstehen.

Aus den wenigen Trieben …

… bildet sich schnell ein dichter Strauch.

In der Flächenwirkung bleiben deutlich mehr Verzweigungen erhalten als in der Solitärentwicklung. So bildet sich eine dichte Rosenfläche.

Vorgehensweise bei Flächenwirkung (Bodendecker)
Verfahren Sie wie zuvor beschrieben. Erhalten Sie aber die Triebe zweiter Ordnung in voller Länge. Aus den zahlreichen Knospen entwickeln sich wie bei einer Kletterrose viele Seitentriebe, die eine Fläche gut abdecken. Die Triebe liegen durch ihr Eigengewicht etwas dichter am Boden auf.

Bemerkungen/Hinweise
Bei Flächenpflanzungen reicht es aus, diesen Schnitt nur alle zwei Jahre vorzunehmen. Eine in dieser Weise verwachsene Fläche zu schneiden, ist allerdings kein Vergnügen. Es ist wichtig, dass die verwendete Sorte eine hohe Widerstandskraft gegen Blattpilze besitzt, da infolge des Schnittes eine sehr dichte Blattmasse entsteht.

Sommerschnitt

Zielsetzung
Es soll ein starker Folgeflor angeregt werden, ohne den Habitus zu zerstören.

Vorgehensweise
Entfernen Sie zunächst wie bei den Beetrosen die verwelkenden Einzelblüten aus den Blütenständen. Bei den Kleinstrauchrosen sollten Sie aber auf jeden Fall den Rückschnitt der komplett verwelkten Blütenstände auf einmal vornehmen. Kleinstrauchrosen treiben nach diesem Schnitt oft sehr stark durch. Erfolgt der Schnitt nicht an allen Trieben gleichzeitig, entsteht ein sehr ungleichmäßiges Wuchsbild. Der Strauch verliert seine Form und Wirkung. Bei Sorten mit einer sehr hohen Wuchskraft sollte der Schnitt nur vor dem ersten Blatt angesetzt werden. Ist die Sorte schwachwüchsiger, wird am ersten vollständigen Blatt geschnitten.

In der Flächenwirkung werden nur die verwelkten Blütenstände stärker gefüllter Sorten entfernt, damit deren Blütenballen nicht als Brutstätte für Schimmelpilze dienen.

Besonderheiten/Hinweise
Ab September sollte die Rosen zur Ruhe kommen. Einige Sorten bilden sehr schöne kleine Hagebutten aus. Verwandte von *Rosa rugosa* werden wegen ihrer Hagebutten im Sommer überhaupt nicht geschnitten.

Der Schnitt setzt direkt unter dem Blütentrieb an, so wird der Rose nur wenig Laub genommen und sie treibt schnell neue Blüten.

‘Sorrento’

(Noack 2005)

Blüte: leuchtend rot, in Dolden, ∅ 5 cm, öfterblühend
Wuchs: breit buschig, 70–80 cm
Besonderheiten: sonnenfest, hitzeverträglich

‘Sommerabend’

(Kordes 1995)

Blüte: leuchtend rot, in dichten Büscheln, ∅ 4 cm, öfterblühend
Wuchs: buschig niederliegend, bis 30 cm
Besonderheiten: sehr reichblühend

‘Sweet Pretty’

(Meilland 2005)

Blüte: pastellrosa, rosa Mitte, einfach, ∅ 8 cm
Wuchs: buschig, 80 cm
Besonderheiten: die Staubgefäße sind ein zusätzlicher Schmuck

‘Knirps’

(Kordes 1997)

Blüte: kräftig rosa, in Dolden, ∅ 3 cm, öfterblühend
Wuchs: buschig niederliegend, bis 30 cm
Besonderheiten: „echter“ Bodendecker

'Apfelblüte'

(Noack 1990)

Blüte: reinweiß, rosa überhaucht, in üppigen Dolden, ∅ 4 cm
Wuchs: niedrig buschig, 70 cm
Besonderheiten: Hagebuttenschmuck, Bienenweide

'Schneekönigin'

(Tantau 1992)

Blüte: strahlend weiß mit gelber Mitte, ∅ 4 cm, öfterblühend
Wuchs: bogig überhängend, bis 50 cm
Besonderheiten: guter Bodendecker, extrem reichblühend

'Sedana'

(Noack 2005)

Blüte: cremeorange, ∅ 5 cm, öfterblühend
Wuchs: breit buschig, bis 70 cm
Besonderheiten: harmonischer Kontrast zwischen dunklem Laub und leuchtender Blüte

'Sunny Rose'

(Kordes 2001)

Blüte: hellgelb, ∅ 3 cm, öfterblühend
Wuchs: ausgebreitet wachsend, bis 30 cm
Besonderheiten: regenfest

Zwergrosen

Frühjahrsschnitt

Zielsetzung

Bei den allgemein etwas schwächer wachsenden Zwergrosen ist das Ziel, mit dem Schnitt jährlich einen kleinen, buschigen Strauch aufzubauen. Wenn neuere, wüchsigere Sorten zu stark geschnitten werden, entwickeln sie sich oft wie ein schwacher Bodendecker.

Vorgehensweise

Entfernen Sie zuerst alle beschädigten und abgestorbenen Triebe bis ins gesunde Holz. Nun schneiden Sie alle Triebe erster Ordnung. Ist die Sorte sehr kurz verzweigt, bleiben auch Triebe zweiter Ordnung stehen. Bei einer besonders wüchsigen Sorte belassen Sie bis zu sieben Augen. Ist die Sorte in ihrer Entwicklung schwächer, wird jeder Trieb auf drei bis fünf Augen zurückgeschnitten. Wählen Sie die fünf kräftigsten, sich nicht behindernden Triebe aus und entfernen Sie den Rest am Ansatz.

Besonderheiten/Hinweise

Sollten Sie Ihre Zwergrosen in Pflanzkübeln oder großen Töpfen kultivieren, kann es reizvoll sein, wenn die äußeren Verzweigungen leicht über den Topfrand hinaus hängen. Wenn Sie die äußeren Pflanzen etwas stärker schneiden, werden sie zu stärkerem Triebwachstum angeregt, womit Sie genau diesen Effekt erzielen.

Nachdem das beschädigte und erfrorene Holz entfernt wurde, schneidet man fünf kräftige Triebe auf drei bis fünf Knospen zurück. Es können bei den Zwergrosen auch Triebe zweiter Ordnung stehen bleiben.

Sommerschnitt

Zielsetzung
Die Rose soll „sauber" abblühen und schnell einen starken Folgeflor entwickeln. Eine übermäßige Holzbildung nach dem Rückschnitt soll vermieden werden.

Vorgehensweise
Stärker gefüllte Blüten neigen zum Verkleben. Bei einer kleineren Rose fällt dies besonders negativ auf. Schneiden Sie verwelkende Blüten fortlaufend heraus. Dadurch halten die darunter liegenden Knospen länger und sie können sich auch besser entfalten. Nach dem vollständigen Verblühen erfolgt der Rückschnitt der Blütenstände über dem ersten kräftigen Laubblatt.

Besonderheiten/Hinweise
Gerade Zwergrosen profitieren in ihrer Wirkung von einem gleichzeitigen Rückschnitt der gesamten Pflanze. So bleibt der Habitus erhalten.

Um einen schnellen Folgeflor zu gewährleisten und nicht zu starke Holzbildung anzuregen, werden bei den Zwergrosen nur die Blütenstände über dem ersten Laubblatt entfernt.

‘Limesglut’

(Pearce/RU 2004)

Blüte: blutrot, ∅ 4 cm, öfterblühend
Wuchs: kompakt buschig, bis 40 cm
Besonderheiten: UV-stabile rot Blütenfarbe

‘Medley Red’

(Noack 2002)

Blüte: rot mit hellem Auge, ∅ 5 cm, öfterblühend
Wuchs: kompakt buschig, bis 40 cm
Besonderheiten: hitzeverträglich, fast keine Blühpause

‘Pepita’

(Kordes 2004)

Blüte: kräftig pink, in dichten Dolden, ∅ 3 cm, öfterblühend
Wuchs: kompakt buschig, bis 50 cm
Besonderheiten: besonders hitzeverträglich

‘Charmant’

(Kordes 2004)

Blüte: rosa mit heller Unterseite, in Dolden, ∅ 4 cm, öfterblühend
Wuchs: kompakt buschig, bis 50 cm
Besonderheiten: starker zweiter Austrieb

'Sonnenröschen'

(Kordes 2005)

Blüte: weiß mit gelbem Auge, ∅ 3 cm, öfterblühend
Wuchs: breit buschig, bis 30 cm
Besonderheiten: hitzeverträglich

'Aprikot Clementine'

(Tantau 2001)

Blüte: orange/apricot, in Dolden, ∅ 4 cm, öfterblühend
Wuchs: kompakt buschig, bis 50 cm
Besonderheiten: braucht einen luftigen Standort

'Honeymilk'

(Tantau 2002)

Blüte: milchweiß mit cremegelbem Auge, in Dolden, ∅ 5 cm, öfterblühend
Wuchs: kompakt buschig, bis 50 cm
Besonderheiten: Blüte ist etwas regenempfindlich

'Goldjuwel'

(Tantau 1993)

Blüte: goldgelb, Edelrosenform, in Dolden, ∅ 4 cm, öfterblühend
Wuchs: kompakt buschig, bis 50 cm
Besonderheiten: benötigt einen luftigen Standort

Wildrosen

Wildrosen werden so groß, wie es ihre Art vorgibt und der Standort ermöglicht. Einen Schnitt wie bei den Zuchtformen gibt es nicht. Wer versucht, eine Wildrose in eine Form zu pressen, wird auf die Dauer ein trauriges „Gestell" erzeugen. Am Naturstandort entwickeln Wildrosen sich zunächst üppig, beginnen nach Überalterung zu kümmern und schließlich einzugehen.

Es gibt jedoch Möglichkeiten, im Garten ihre Vitalität und dadurch ihren besonderen Charme langfristig zu erhalten.

So frei kann sich eine große Wildrose im Hausgarten selten entfalten.

Erhaltungsschnitt

Zielsetzung
Die Rose soll verjüngt werden. Der Strauch baut sich nach dem Schnitt mit neuer Kraft auf.

Vorgehensweise
Dieser Schnitt wird alle vier bis fünf Jahre im Winter erforderlich. Schneiden Sie alle Triebe, die älter als drei Jahre sind, so dicht wie möglich über dem Boden ab. Dadurch wird ein starker Neuaustrieb angeregt und es bleiben dennoch stützende Verzweigungen für die neuen Ruten erhalten. Überlange Ruten am verbleibenden Holz kann man für eine bessere Standfestigkeit im ersten Jahr etwas einkürzen.

Wenn nur wenig jüngeres Holz vorhanden ist, können Sie trotzdem ein bis zwei ältere, gesunde Triebe bis auf 40 cm zurückschneiden. An diesen Triebstücken werden schlafende Augen zum Ausschlagen aktiviert. Der folgende Austrieb versorgt die Rose in folgenden Jahr mit, ohne den Neuaustrieb aus der Basis zu stören.

Die Kartoffel-Rose (*Rosa rugosa*) wird komplett auf diese Art verjüngt. Nur die ältesten, zu dicht stehenden Triebe müssen Sie kurz über dem Boden entfernen.

Um einen gesunden Strauch zu erhalten, können im Winter einige der ältesten Triebe entnommen werden. Zusätzlich ist es möglich, einige der längsten Ruten des Vorjahres durch einen starken Rückschnitt zu Seitenverzweigungen anzuregen.

Eine Wildrose (*Rosa multiflora*) im dritten Jahr nach starkem Rückschnitt.

Besonderheiten/Hinweise

Wenn die Rose sehr dicht geworden ist, dürfen Sie die abgeschnittenen Äste nicht mit Gewalt aus dem Strauch herausziehen. Dadurch würden sehr viele Verzweigungen der jüngeren Triebe abgerissen oder beschädigt. Zerteilen Sie einfach die zu entfernenden Äste.

Pflegeschnitt

Zielsetzung

Der jährliche Pflegeschnitt der Wildrose ist in der Natur unnötig, im Garten eher eine ästhetische Frage. Man will damit im Frühjahr behutsam das Aussehen des Strauches durch Ausputzen korrigieren.

Vorgehensweise

Schneiden Sie abgestorbene und beschädigte Triebe bis in das Strauchinnere zurück, sodass sie im Sommer unter dem Laub verschwinden. Als Stütze für die überhängenden Zweige benötigt eine größere Wildrose im Innern des Strauches sogar einen Anteil Totholz.

Besonders lange Aufsitzer können ebenfalls etwas eingekürzt werden, wenn sie das „Idealbild“ des natürlichen Habitus stören. Ansonsten sollten Sie nur die Fruchtstände des Vorjahres entfernen.

Bemerkungen/Hinweise

Vorsicht beim Korrekturschnitt an einer Wildrose! Schnell zieht ein Scherenansatz den nächsten nach sich und der ganze Habitus wird verändert. Unter Umständen löst man damit einen unnatürlichen Austrieb in diesem Jahr aus.

Als jährlicher Pflegeschnitt kommt bei den Wildrosen nur der Rückschnitt verletzter oder abgestorbener Triebe und alter Fruchtstände in Frage. Eventuell können einige überlange Triebspitzen zur „Formvollendung“ leicht eingekürzt werden.

Rosa moyesii

Herkunft: Westchina
Blüte: karmesinrot, ∅ 4 cm, Juni/Juli
Frucht: klein, leuchtend orange
Wuchs: starkwüchsig, überhängend, 300 × 180 cm, regelmäßige Verjüngung nötig
Besonderheiten: Eine der seltenen, wirklich roten Wildrosen! Halbschatten erwünscht.

Rosa gallica

Herkunft: Europa
Blüte: dunkelrosa, ∅ 3 cm, Juni/Juli
Frucht: braunrot
Wuchs: leicht überhängend, 100 × 80 cm
Besonderheiten: Ausläufer bildend, wünscht keine Sandböden

Rosa rugosa

Herkunft: Japan
Blüte: lilarosa, ∅ 5 cm
Frucht: groß, rot
Wuchs: aufrecht, 150 × 100 cm
Besonderheiten: leichte Dauerblüte, gut auf Sandböden

Rosa multiflora

Herkunft: Ostasien
Blüte: weiß, in Dolden, ∅ 2 cm, Juni/Juli
Frucht: klein, rot
Wuchs: starkwüchsig, überhängend, 200 × 200 cm
Besonderheiten: regelmäßiger starker Rückschnitt fördert die Blühleistung

Rosa glauca

Herkunft: Osteuropa
Blüte: zartrosa, ∅ 4 cm
Frucht: oval, dunkelrot
Wuchs: überhängend, 180 × 180 cm
Besonderheiten: Triebe und Laub purpurrot

Rosa pimpinellifolia

Herkunft: Europa
Blüte: weiß, in Dolden, einfach, ∅ 4 cm, intensiver Duft, Mai/Juni
Frucht: klein, schwarzbraun
Wuchs: schwachwüchsig, 100 × 120 cm
Besonderheiten: Ausläufer bildend, Sandböden

Rosa foetida

Herkunft: Asien
Blüte: goldgelb, ∅ 4 cm, Juni/Juli
Frucht: ziegelrot
Wuchs: aufrecht, 250 × 150 cm
Besonderheiten: Ihr Duft kann als unangenehm empfunden werden.

Rosa hugonis

Herkunft: China
Blüte: goldgelb, ∅ 5 cm, Mai
Frucht: rot/schwarz
Wuchs: starkwüchsig, bogig überhängend, 200 × 200 cm

Hochstammrosen

Frühjahrsschnitt

Der Schnitt der Hochstammrosen verfolgt ein anderes Ziel als der übliche Schnitt derselben Sorte auf Beethöhe. Im Beet wird weit weniger Wert auf einen möglichst symmetrischen Aufbau der Pflanze gelegt, als dies eine Hochstammkrone verlangt. Gleichzeitig stellt der Stamm ein „Nadelöhr" für die Nährstoffversorgung der Rose dar.

Durch einen qualitativ hochwertigen Hochstamm mit mindestens drei veredelten Augen ist der Grundstein für eine gleichmäßigen Kronenbildung gelegt.

Zielsetzung

Die Veredlungsstellen sollen durch die Anregung von frischen Austrieben vital gehalten werden.

Vorgehensweise

Auch hier schneiden Sie zuerst alle beschädigten, abgestorbenen und zu schwachen Triebe bis ins gesunde Holz zurück. Aus jeder Veredlungsstelle sollten zwei bis drei Austriebe mit der entsprechenden Verzweigung gefördert werden.

Die Rose nach dem Frühjahrsrückschnitt im 2. Standjahr.

Die Rose nach dem Rückschnitt im 3. Jahr. Eine erste Krone ist entstanden.

So ist es möglich, durch Entfernen eines alternden Austriebs eine Verjüngung aus dieser Veredlungsstelle anzuregen, ohne die ganze Krone zu zerstören. Der grundsätzliche Schnittansatz erfolgt entsprechend der veredelten Sorte.

Bei besonders stark treibenden Sorten, wie zum Beispiel vielen Edelrosen oder Kleinstrauchrosen, sollten die Verzweigungen jedoch etwas weniger geschnitten werden. Sonst regt der Schnitt zur Bildung labiler Langtriebe an, die unter Windlast leicht ausbrechen. In solch einem Fall bleiben fünf Augen stehen, um kürzere Austriebe zu erzielen. Zwergrosen und Beetrosen sind in dieser Beziehung unproblematischer.

Besonderheiten/Hinweise
In einem Hochstamm kann es nötig sein, die oberste Knospe bewusst nach innen stehen zu lassen, um eine Lücke in der Kronenmitte zu füllen.

Sommerschnitt

Der Sommerschnitt zur Förderung des Folgeflors wird entsprechend der Klassenzugehörigkeit der Sorte durchgeführt.

Rückschnitt und Verjüngung der Rose im 4. Jahr. Durch Absetzen älterer Verzweigungen werden Seitenknospen gefördert.

Rückschnitt und Verjüngung der Rose im 5. Jahr.

Frühjahrsschnitt von Kaskadenrosen

Kaskadenrosen sind Hochstämme mit einer Kletterrosenveredlung. Ihr Aufbau dauert mehrere Jahre und so besitzt sie wesentlich mehr Holzmasse auf dem Stamm. Deshalb sollten nur qualitativ hochwertige Stämme als Unterlage verwendet werden, um eine ausreichende und dauerhafte Versorgung der Krone zu gewährleisten.

Zielsetzung

Die Rose soll sich wie eine Schleppe aus Blütenranken rund um den Stamm entwickeln. Die Triebe dürfen dabei bis fast zum Boden reichen.

Vorgehensweise

Verfahren Sie wie zuvor schon beschrieben. Die Langtriebe der Rose, die eigentlich bei der Kletterrose nach

Die Rose nach der Pflanzung (1. Jahr).

Die Rose nach dem Frühjahrsschnitt im 2. Jahr. Erste Langtriebe bleiben zur „Schleppenbildung" stehen.

oben gezogen werden, sollen hier in Bögen herabhängen. Deshalb werden sie zunächst nicht geschnitten.

Um eine stärkere Seitenverzweigung anzuregen, kann jedoch die Spitze eines ausreichend langen, einjährigen Triebes etwas eingekürzt und damit das Längenwachstum gestoppt werden. Haben sich wiederum an einem mehrjährigen Trieb schon lange Aufsitzer gebildet, werden diese im Gegensatz zur „normalen“ Kletterrose eingekürzt, da die Rose sonst schnell aus der Form gerät. Der stärkste Aufsitzer bildet sich gewöhnlich auf dem Scheitelpunkt.

Im 3. Jahr sind die Schleppen deutlich länger geworden. Es erfolgt der typische Kletterrosenschnitt. Durch das Blatt- und Blütengewicht senken sich die Triebe noch deutlich herab. Die Kaskadenwirkung ist perfekt.

Die Rose hat im 4. Jahr meist genug Schleppen gebildet, dass durch ein Absetzen einer Schleppe (siehe Kasten) eine jüngere gefördert werden kann. Gleichzeitig wird ein stärkerer Austrieb angeregt. Dieser wird im folgenden Jahr wieder zur Verjüngung genutzt.

Dieser wird nur bis auf fünf bis sieben Augen zurückgeschnitten, da dort wieder ein starker Austrieb zu erwarten ist und die Kraft auf viele Knospen verteilt werden soll. Die anderen Seitentriebe, Träger der blütentragenden Kurztriebe, schneiden Sie zur „Hühnerleiter“. Es besteht die Möglichkeit, einen kräftigen Aufsitzer als Verjüngung für den Haupttrieb zu nutzen, indem Sie den älteren Trieb hinter dem jüngeren kappen.

Absetzen einer Schleppe.

Besonderheiten/Hinweise
Setzen Sie von Anfang an einen besonders stabilen Rosenstab an den Kaskadenstamm. Sonst kann Ihre Hochstammrose wegen der Kopflastigkeit leicht vom Wind umgeworfen werden.

Sommerschnitt von Kaskadenrosen

Zielsetzung
Ein schneller Folgeflor soll eingeleitet werden, um Langtriebe für das kommende Jahr zu gewinnen.

Vorgehensweise
Die Blütenstände werden nach dem vollständigen Abblühen nur bis zum ersten Blatt zurückgeschnitten. Ein stärker angesetzter Schnitt würde zu Lasten der Blüten gehen und die Holzbildung anregen. Einige, sich vorteilhaft für den Aufbau entwickelnde Langtriebe bleiben ungeschnitten bis zum nächsten Frühjahr.

Nur der Blütenstand wird bei der Kaskade entfernt.

Oben: Nach dem Rückschnitt verbleibt ein scheinbar spärliches Gerippe, dessen Entwicklung bis zum Sommer aber überzeugt (rechte Seite).

'Charisma'

(Noack 2010)

Blüte: magentarot, ∅ 10 cm
Wuchs: aufrecht
Besonderheiten: rötliche Triebe, sehr schnelle Folgeflore

'Red Leonardo da Vinci'

(Meilland 2002)

Blüte: leuchtend dunkelrot, ∅ 7 cm
Wuchs: leicht überhängend, kugelig
Besonderheiten: In den ersten Jahren etwas schwächer wachsend.

'Super Excelsa'

(Hetzel 1986)

Blüte: karminrosa, ∅ 3 cm
Wuchs: Kaskadenstamm
Besonderheiten: sehr hohe Wuchsleistung

'Heidetraum'

(Noack 1988)

Blüte: karminrosa, in Dolden, ∅ 4 cm
Wuchs: überhängend, kugelig
Besonderheiten: halbschattenverträglich

‘Alba Meidiland’

(Meilland 1987)

Blüte: weiß, in Büscheln, ∅ 3 cm
Wuchs: Kaskadenstamm
Besonderheiten: sehr hohe Wuchsleistung

‘Ambiente’

(Noack 2001)

Blüte: cremeweiß mit gelber Mitte, ∅ 10 cm
Wuchs: aufrecht, kugelig
Besonderheiten: regenfeste Farbe

‘Yellow Meilove’

(Meilland 2007)

Blüte: hellgelb, ∅ 6–7 cm
Wuchs: buschig, kugelig
Besonderheiten: frühblühende Sorte mit gutem Folgeflor

‘Celina’

(Noack 1997)

Blüte: cremegelb, in Dolden, ∅ 4 cm
Wuchs: Kaskadenstamm
Besonderheiten: halbschattenverträglich

Rosen richtig kultivieren

Düngung und Bodenpflege

Das Pflanzenwachstum, aber auch Auswaschung und Ausgasung senken den Nährstoffgehalt im Boden. Die humosen Bestandteile werden über Jahre hinweg durch das Bodenleben zersetzt und die gebundenen Nährstoffe für die Pflanzen verfügbar gemacht. Dadurch sinkt der Humusgehalt. Schnittmaßnahmen zwingen die Rose, immer neue Pflanzenmasse aufzubauen, ohne dass das geschnittene Material dem Boden wieder zugeführt würde und ein Kreislauf entstehen könnte. Sogar die abgefallenen Rosenblätter werden aus dem Beet entfernt, da sie potenzielle Träger von Sporen schädlicher Blattpilze sind. Sie sollen in der Mülltonne entsorgt werden. Nur durch gewissenhafte Pflege des Bodens kann man ihn dauerhaft als wertvollen Rosen-Standort erhalten. Die Düngung ist ein Bestandteil der Bodenpflege und des Pflanzenschutzes. Nur eine richtig ernährte Pflanze ist auch eine widerstandsfähige Pflanze!

Es lohnt sich auf jeden Fall, etwa alle fünf Jahre eine Bodenanalyse machen zu lassen. Dadurch können Sie genau verfolgen, wie sich Ihre Pflegemaßnahmen auf den Boden auswirken. Eine Bodenanalyse sollte den Gehalt der wichtigsten Nährstoffe und Spurenelemente umfassen. Das ausführende Labor spricht dann auch eine entsprechende Düngeempfehlung aus.

Mineralische Düngung

Die am häufigsten verwendeten Dünger sind die mineralischen Volldünger. Sie enthalten wie alle Volldünger sämtliche Nährstoffe und Spurenelemente, die eine Pflanze zum Gedeihen benötigt. Mineralisch gebundene Nährstoffe verhalten sich ähnlich wie eine Vitaminbrausetablette. Sie werden durch Wasser gelöst und liegen dann in pflanzenverfügbarer Form vor. Durch diese schnelle Verfügbarkeit besteht die Gefahr einer Überdüngung sowie eines Verlustes durch Auswaschung. Eine Überdüngung führt zu einem übermäßigen Wachstum. Die mastigen Triebe sind in der Regel anfälliger für Krankheiten und Schädlinge. Langzeitformen mineralischer Volldünger sind durch schützende Umhüllungen schwerer löslich und setzen ihre Nährstoffe nach und nach im angegebenen Wirkungszeitraum frei. So kompensieren sie die Nachteile des mineralischen Düngens. Diese Dünger sind aber oft etwas teurer.

Organische Düngung

Die organische Düngung, genauer: die Darreichung organisch gebundener Nährstoffe, verhindert die Gefahren einer Überdüngung und eines Nährstoffverlustes fast vollständig. Diese Düngemittel, die auch als Volldünger erhältlich sind, müssen erst durch das Bodenleben in eine von den Pflanzen aufnehmbare Form gebracht werden. Dafür ist nicht nur Feuchtigkeit, sondern auch eine entsprechende Bodentemperatur von etwa 10 °C nötig. Diese Dünger werden im Frühjahr etwas später pflanzenverfügbar als mineralische Volldünger. Die Entwicklung der Rose leidet dadurch nicht, da der erste Austrieb aus den Eigenreserven der Knospen erfolgt. Die Rose selbst nimmt erst ab einer Lufttemperatur von 10–15 °C wieder Nährstoffe auf.

Tipp

Beobachtungen in „Europas Rosengarten" in Zweibrücken

Über mehrere Jahre wurden ausgewählte Beete mit Rosensorten unterschiedlicher Qualität organisch gedüngt. Die Rosenbeete in unmittelbarer Nachbarschaft wurden weiterhin mineralisch gedüngt. Vor der Umstellung waren das Wachstum und auch der Befall durch blattschädigende Pilze bei allen Sorten gleich.
Schon ein Jahr nach der Umstellung wurde deutlich, dass sich die organisch gedüngten Rosen etwas langsamer entwickelten. Sie setzten etwa ein bis zwei Wochen nach den mineralisch gedüngten den ersten Flor an. Zur gleichen Zeit konnte jedoch ein deutlich gleichmäßigeres Wachstum beobachtet werden. Wesentliches Argument für eine Ausweitung der organischen Düngung im Rosengarten war jedoch, dass der Befall durch blattschädigende Pilze sehr viel geringer war als in den Nachbarbeeten.
Der zweite Flor entwickelte sich dank der gesünderen Pflanzen stärker als bei den Vergleichsbeeten. Auch im Hochsommer – unter extremem Befallsdruck durch Sternrußtau, blieben problematische Sorten erkennbar besser belaubt. Diese Entwicklung bestätigte sich auch in den Folgejahren.

Spezial-Rosendünger

Spezielle Rosendünger sind meist eine Kombination aus mineralisch und organisch gebundenen Nährstoffen. Es gibt aber auch hochkonzentrierte, flüssige Formen. Sie sind so zusammengestellt, dass sie die Rose gezielt mit den Nährstoffen versorgen, die sie auch braucht. In der Regel sind sie etwas stickstoffärmer als mineralische NPK-Dünger, um ein zu schnelles Triebwachstum zu vermeiden, enthalten aber ausreichend Magnesium und Phosphor für einen starken Blütenansatz. Oft ist gerade der Stickstoff in einer milder wirkenden, organischen Form zugesetzt.

Der Einsatz spezieller Rosen-Langzeitdünger empfiehlt sich in der Topfkultur. Dort kommen die fein aufeinander abgestimmten Inhaltsstoffe optimal zum Tragen. Die Gefahr einer Auswaschung der Nährstoffe ist durch die dauerhafte Bindung weniger gegeben. Im Beet vermindert diese Düngerform zusätzlich die Gefahr einer frosthärtevermindernden Überdüngung infolge eine zu üppig ausfallenden Sommergabe nach dem Blütenschnitt.

Was, wann, wieviel?

Je nach Düngerart kann die benötigte Menge stark variieren. Von mineralischen NPK-Düngern, zum Beispiel Blaukorn oder Floranid, werden im April 80 g/m² gegeben und im Juni noch einmal 50 g/m². Damit ist die Rose versorgt. Mineralische Langzeitdünger liegen bei 120–150 g/m² für sechsmonatige Wirkung. Beachten Sie bei solchen Düngern immer die Herstellerangaben.

Die Aufwandmengen organischer Dünger sind anders zu dosieren. Dadurch, dass keine Auswaschung der Nährstoffe erfolgt, muss im Juni weniger oder überhaupt nicht nachgedüngt werden. Im März bekommen die Rosen 150 g/m², im Juni reichen noch einmal 60 g/m².

Die Angaben zur Düngermenge bei speziellen Rosendüngern könnten unterschiedlicher nicht sein. Bei den flüssigen Formen sind es 3 × 30 g/m², bei den teilorganischen Streuformen bis zu 3 × 150 g/m². Langzeitformen beschränken sich auf einmalig 120–150 g/m². Bitte richten Sie sich auch hier stets nach den Herstellerangaben.

Welchen Dünger Sie auch verwenden: Wichtig ist, dass die Nährstoffe gleichmäßig freigesetzt werden und von April bis August zur Verfügung stehen – dann, wenn die Rose sie braucht. Ab Mitte Juli darf auf keinen Fall stickstoffhaltiger Dünger ausgebracht werden, da die Rose sonst bis in den Herbst zu stark wachsen würde. Sie hätte nicht genügend Zeit, das Verholzen der neuen Triebe vor dem Winter abzuschließen.

Humus

Die Versorgung des Bodens mit organischer Substanz ist fortwährend notwendig. Am besten geeignet sind gut verrotteter Kompost oder Stallmist. Der daraus entstehende Humus bindet und liefert Nährstoffe und Wasser im Boden. Dies leisten sonst nur die Tonbestandteile des Bodens. Nachdem schon vor der Pflanzung ausreichend humose Masse eingearbeitet wurde, sollte man alle zwei bis drei Jahre im Spätherbst eine Schicht von etwa 5 cm als Auffrischung ausbringen. Die Einarbeitung erfolgt im Frühjahr nach dem Schnitt.

Jährliche Kompost- oder Mistgaben sind ungünstig, da sie zu einer verstärkten Wurzelbildung ausschließlich im oberen Bodenbereich führen. Dadurch reagieren die Rosen empfindlich auf längere Trockenperioden. Je sandiger bzw. durchlässiger der Boden ist, desto öfter verträgt die Rose eine Humusgabe. Gerade in Sandböden wirkt Humus als Puffer für Nähstoffe und Wasser.

Kalk

Der Kalkgehalt ist entscheidend für den pH-Wert des Bodens. Dieser Wert gibt Auskunft über die Verfügbarkeit der Nährstoffe für die Rosen. Unabhängig vom tatsächlichen Nährstoffgehalt kann eine Rose nur bei einem pH-Wert zwischen 6 und 7 ausreichend Nährstoffe aufnehmen. Liegt der Wert zu hoch, kommt es im Spätsommer zu deutlichen chlorotischen Aufhellungen der Blätter. Liegt er zu tief, ist ein Kümmerwuchs und eine verminderte Blüte die Folge. Durch einen einfachen Schnelltest aus dem Fachhandel lässt sich der pH-Wert leicht ermitteln. Um den Wert um einen Punkt zu heben, sind etwa 200–300 g/m² Kalk nötig. Er sollte vor dem Blattaustrieb der Rose ausgebracht werden.

Bodenhilfsstoffe

Gesteinsmehle, organische Mehle und mineralische Extrakte, die im Handel oft als „Bodenaktivatoren“ bezeichnet werden, zählen zu den Bodenhilfsstoffen. Sie fördern das Bodenleben und erhalten die Struktur des Bodens. Diese Mittel sind keine Dünger, tragen aber zu einem gesunden Pflanzenwachstum bei. Sie können mit der Düngung ausgebracht werden.

Wässern

Wasser ist wichtig für das Leben, auch bei Rosen. Ihre Strategie, sich auch bei lang anhaltender Trockenheit noch mit Wasser zu versorgen, ist die Ausbildung langer, in tiefere Bodenschichten reichender Wurzeln. Nach wenigen Jahren haben sie eine Tiefe von 60–100 cm erreicht. Dort finden sie unter normalen Bedingungen immer ausreichend Feuchtigkeit. Wann sollte eine Rose dennoch gewässert werden und wie viel Wasser braucht sie?

- Eine frisch gepflanzte Rose wird angegossen. Pro Quadratmeter sind dafür 20 l nötig. Dann ist der Boden tief durchfeuchtet. Sollte es nach der Pflanzung nicht regnen, braucht die Rose nach zwei bis drei Wochen wieder eine Wassergabe.
- Nach der Düngung muss bei Trockenheit gewässert werden, da sonst der Dünger nicht umgesetzt werden kann. Gerade an heißen Tagen geht sonst viel Stickstoff an die Luft verloren.
- Nach einer längeren Hitzeperiode können sich die Blätter der Rose leicht wellen, die Blüten zeigen einen Kümmerwuchs und halten nur wenige Tage. Dann hilft eine Wassergabe von 30 l/m². Aber selbst drei Wochen Hitze vertragen Rosen, ohne Schaden zu nehmen.
- Bewässern Sie am besten am Abend nach Sonnenuntergang oder in der Nacht. Dann sinkt die Temperatur und das Wasser kann ungehindert einsickern. Durch Bewässerung am Tag kommt es mit hoher Wahrscheinlichkeit zu einer Blattpilzerkrankung, außerdem können nasse Blätter durch den Brennglaseffekt Schaden nehmen. Versuche in der Schweiz (Woessner 1978) ergaben, dass eine Bewässerung über Nacht in Bezug auf den Pilzbefall keinerlei negative Auswirkungen hat. Unabhängig von Zeitpunkt der Wassergabe sollten Sie aber immer darauf achten, die Blätter und Blüten möglichst nicht zu benetzen. Deshalb bietet es sich an, mit einem Schlauch oder einem langen Gießstab zwischen den Pflanzen zu wässern. Dadurch haben Pilze es auf jeden Fall schwerer und die Blüten verkleben nicht.

Aber auch wenn Sie Ihre Rosen nicht gießen, wachsen werden sie trotzdem. Nur eben langsamer.

Pflanzenschutz

Pflanzenschutz ist, wie der Name schon sagt, weit mehr als nur der Einsatz von biologischen oder industriellen Präparaten. Diese Mittel kommen eigentlich erst dann zum Einsatz, wenn bereits eine Schädigung eingetreten ist.

- Der erste Schritt, Ihre Pflanzen zu schützen: Eine optimale Kultur, bei der Sie die bestmöglichen Lebensbedingungen für Ihre Rosen schaffen.
- An zweiter Stelle steht die Sortenwahl. Die Züchter bieten ein immer breiteres Sortiment mit hoher Widerstandskraft an, gerade gegen blattschädigende Pilze. Das ADR-Symbol (Allgemeine Deutsche Rosenneuheitenprüfung) kennzeichnet die als besonders robust geltenden Vertreter.
- Der dritte Schritt ist die regelmäßige Kontrolle Ihrer Rosen, das Hinter-

fragen von Veränderungen und gegebenenfalls die umgehende Reaktion darauf. Dies setzt ein gewisses Interesse und Verständnis für die Entwicklung der Rosen und auch deren „Feinde“ voraus. So können Sie durch vorbeugende Maßnahmen den Präparateinsatz deutlich vermindern.

Vorbeugen gegen Schadpilze

- Ein gut durchlüfteter und weiter Stand, vor allem bei stark belaubten Rosensorten, ermöglicht den Blättern das schnelle Abtrocknen. An trockenen Blättern können sich Pilzsporen schwerer ansiedeln. Die ideale Pflanzdichte beträgt 4 Pflanzen/m² bei Beet-, Edel- und Bodendeckerrosen, 2–3 Rosen/m² bei Kleinstrauchrosen und maximal eine Strauchrose auf den Quadratmeter. Ein solch weiter Stand verringert das Pilzrisiko bis um die Hälfte.

Tipp

Erfahrungen aus dem Rosengarten Zweibrücken

Im Rosengarten Zweibrücken setzen wir zusätzlich zur Streudüngung das Präparat Vitanal sauer Kombi als stärkenden Flüssigdünger ein. Er wird mit der Pflanzenschutzspritze 2%ig ausgebracht. Schon bei der Blattentwicklung kann eine deutlich positive Entwicklung festgestellt werden. Die Laubblätter sind üppiger ausgebildet. Auch bei den typischen „Zeigersorten“ tritt während der Knospenentwicklung praktisch kein Echter Mehltau auf. Die folgenden Blüten zeigen eine besondere Farbintensität.

Pflanzenstärkungsmittel der verschiedenen Hersteller haben sich in der Praxis bewährt.

- Die Düngung ist der zweite Pfeiler einer guten Kultur. Sie sollte angemessen und nicht übertrieben sein.
- Die heute zugelassenen Präparate zur Pilzbekämpfung können sie in Ihren Bemühungen unterstützen. Sie hemmen aber lediglich die Entwicklung der Pilze. Wenn eine Infektion auftritt, kann auch im günstigsten Fall der Schaden nur eingedämmt werden. Deshalb ist eine frühzeitige, vorbeugende Behandlung angeraten. Sollten Sie eine empfindliche Sorte besitzen, müssen Sie bei feucht-warmem „Pilzwetter“, wie im Weinbau schon lange üblich, spritzen. Befallene Blätter werden abgezupft oder aufgesammelt und im Restmüll entsorgt. Wenn Sie derart vorgehen, wirken die zugelassenen Mittel mehr als ausreichend.

Tipp

Ein frühzeitiger Einsatz eines sanft wirkenden Mittels ist besser als die späte „chemische Keule“!

Häufige Schadpilze an Rosen

Ring- oder Blattfleckenkrankheit
Dieser Erreger ist in den letzten Jahren auf dem Vormarsch. Auf der Blattoberfläche bilden sich zuerst rötlich orange runde Flecken, die aus der Mitte heraus absterben. Besonders dicht belaubte Strauch- und Kletterosen sind davon betroffen.
Auslöser: feucht-warme Witterung.

Ringfleckenkrankheit an Rosen

Falscher Mehltau

Sternrußtau

Rosenrost (an 'New Dawn')

Echter Mehltau

Botrytis (an 'Chapeau de Napoleon')

Sternrußtau
Weit verbreitet unter den blattschädigenden Pilzen. Es bilden sich grob sternförmige, schwarze Flecken auf den Blättern. Diese verfärben sich durch den gestörten Stoffwechsel gelb und fallen schließlich ab.
Auslöser: feuchtes Wetter im Sommer begünstigt die Infektion.

Echter Mehltau
Auf der Blattoberseite von jungen Blättern und an den Knospen bildet sich ein mehliger, grauweißer Pilzbelag. Die Blätter werden stark wellig.
Auslöser: trockene, warme Sonnentage, mit Taubildung in der Nacht.

Falscher Mehltau
Auf der Blattoberseite ist zuerst ein rötlicher Schimmer zu erkennen, der später zu rötlichen Flecken wird. Auf der Blattunterseite bildet sich ein grauer Pilzrasen. Die Blätter bleiben haften.
Auslöser: feucht-warmes Wetter.

Rosenrost
Auf der Blattunterseite bilden sich orangerote Pusteln, später sind auf der Oberfläche helle Flecken zu sehen. Im Herbst verfärben sich die Pusteln schwarz.
Auslöser: feucht-warmes Wetter, außerdem begünstigen sonnige Lagen mit Schatten am Nachmittag den Befall.

Botrytis
Die große Gruppe der Grauschimmelpilze zeigt sich an Laubblättern zuerst durch gelbe, sich später braun verfärbende Flecken. Dies tritt besonders an den Blattspitzen auf. Der Pilzrasen ist ohne Lupe kaum zu erkennen. Blüten und Knospen stark gefüllter Rosensorten verkleben und werden braun.
Auslöser: regenreiche Sommertage.

Vorbeugen gegen Schädlinge

Die tierischen Schädlinge können Sie durch ihre natürlichen Gegenspieler dezimieren. Räuberisch lebende Insekten und unsere heimische Vogelwelt sind ausdauerndere Jäger als jeder Gartenbesitzer. Durch Nistmöglichkeiten und eine abwechslungsreiche Bepflanzung schaffen Sie Lebensräume für Nützlinge. Eine artenreiche Pflanzung erschwert auch eine Massenvermehrung der Schädlinge. Wie bei den Pilzen ist auch bei den tierischen Schädlingen eine gute Düngepraxis ein wichtiger Schritt zur Vorbeugung. Meist entwickeln sich die räuberischen Nützlinge nach den Schädlingen, da erst dann eine ausreichende Nahrungsgrundlage vorhanden ist. Sollte es zu einem wetterbedingten massiven Befall mit einem Schädling, wie etwa Blattläusen kommen, kann ein biologisches, die Nützlinge schonendes Präparat, den Raubinsekten die nötige Entwicklungszeit verschaffen, um wirksam werden zu können.

Häufige Schädlinge an Rosen

Blattläuse
Blattläuse lassen sich aus keinem Garten vollständig vertreiben. Durch eine ausgeklügelte Vermehrungsstrategie und die Beweglichkeit der geflügelten Nachkommen sind ihre Kolonien extrem widerstandsfähig. Im späten Frühjahr treten sie an den noch wei-

Blattlausbefall an einer Rose

Schaden durch die Rosenblattwespe

Schaden durch Spinnmilben

Fraßschaden mit Frostspanner

Schaden durch die Blattrollwespe

Schadbild des aufwärtssteigenden Rosentriebbohrers mit Fraßkanal (kleines Foto)

chen Trieben auf. Durch ihre zahllosen Einstiche und die Saugtätigkeit verkrüppeln Triebspitzen und Knospen. Eine üppige Düngung fördert den Befall.

Spinnmilben
Spinnmilben lieben heiße, trockene Lagen. Deshalb treten sie besonders im Hochsommer an Kletterrosen oder in Rosenrabatten an Mauern oder Hauswänden auf. Die Schäden durch die Einstiche führen zu eine blassgrünen, später gelblichen Blattfarbe. Es kann zu vorzeitigem Blattfall kommen. In den Blattachseln kann man die Gespinste beobachten. Durch eine regelmäßige Befeuchtung der gefährdeten Beete und der dadurch gesteigerten Luftfeuchtigkeit, kann ein Befall teils vermindert werden. Ansonsten helfen gegen Spinnmilben nur systemische Präparate gegen stechend-saugende Schädlinge.

Blattrollwespe
Durch die zusammengerollten, nahe beieinander liegenden Blätter ist dieser Schädling leicht zu erkennen. Im Blatt liegt das Gelege der Wespe. Sie tritt für gewöhnlich im Mai auf. Wenn Sie die Blätter umgehend entfernen und im Hausmüll entsorgen, verhindern Sie, dass die Larven im Juli in den Boden wandern und eine neue Population entsteht. Wird der Befall toleriert, wird er von Jahr zu Jahr stärker.

Rosenblattwespe
Die Larven dieser Wespe nagen die Oberseite des Blattes in unregelmäßigen Formen ab. Nur die untere Haut bleibt zurück (= Fensterfraß). Später fällt dieses Teil meist heraus. Wenn dieser Schädling nicht frühzeitig bekämpft wird, kann der Schaden an den Blättern erheblich werden. Eine Bekämpfung ist nur mit einem systemischen Präparat möglich, da die erwachsene Wespe praktisch nicht zu treffen ist.

Frostspanner
Durch die milderen Winter hat die Raupe des Frostspanners als Rosenschädling an Bedeutung gewonnen. Die Fraßschäden können die Rosenpflanze in ihrer Entwicklung erheblich beeinträchtigen. Sobald Sie im Frühjahr die ersten angefressenen Blattränder beobachten, sollten Sie die Rose und benachbarte Pflanzen nach Raupen absuchen. Durch regelmäßige Kontrolle und Vernichtung der Raupen kann größerer Schaden verhindert werden. Wichtige „biologische Helfer“ sind die Meisen.

Rosentriebbohrer
Es gibt zwei verschiedene Rosentriebbohrer: den abwärts- und den aufwärtssteigenden. Der abwärtssteigende legt sein Ei in die junge Triebspitze ab. Die Larve frisst sich etwa 10–20 cm nach unten in den Trieb. Die Knospenbildung wird dadurch verhindert und es entsteht ein Blindtrieb. Ein starkes Auftreten kann einen ganzen Flor gefährden. Ist der Schaden erkannt, sollte durch „Nachscheiden“ der Triebspitzen der befallene Teil entfernt werden. Die Rose treibt dann schnell eine neue Blüte. Der aufwärtssteigende Triebbohrer legt sein Ei an den Blattstiel. Die Larven fressen sich seitlich in den Trieb

und dann nach oben. Bei Beet- oder Edelrosen wird das Wachstum des Rosentriebes dadurch stark gehemmt. Die Triebe werden deutlich dünner und die Stacheln stehen dichter zusammen. Sehr dünne Triebe platzen gar auf. Wird der Trieb angeschnitten, zeigt sich der Fraßkanal. Durch tiefes Ausschneiden der befallenen Triebe vor dem Schlupf, kann man den aufwärtssteigenden Triebbohrer bekämpfen. Ist ein Rosenbestand über die Maße stark befallen, hilft oft nur ein systemisches Präparat, um der Situation wieder Herr zu werden. Es hat sich gezeigt, dass Strauch- und Kletterrosen – also Pflanzen mit deutlich größerem Triebdurchmesser – praktisch nicht durch den aufwärtsbohrenden Triebbohrer beeinträchtigt werden. Bei ihnen bleibt genug Gewebe mit Leitungsbahnen bestehen, um eine Entwicklung zu sichern. Auch ein hohler Trieb ist ausreichend stabil, um eine Rose über Jahre zu tragen.

Winterschutzmaßnahmen

Trotz der milden Winter der letzten Jahre brauchen Rosen einen Schutz vor ungünstigen Witterungsbedingungen in der kalten Jahreszeit. In vielen Teilen Deutschlands, so in den Hochtälern der Schwäbischen Alb, ist er unter Umständen sogar wichtiger als zuvor. Es sind nicht die lange anhaltenden Frostperioden mit ausreichendem Schnee, die den Rosen Schaden zufügen.

Wenn die Tagestemperaturen in der Sonne ausreichen, dass die Knospen anschwellen und sich die Triebe beleben, dann zerstört ein Nachtfrost das mit Zellsaft gefüllte Gewebe. Ebenso ungünstig wirkt sich starker Wind an sonnigen Tagen mit Bodenfrost aus. Die Rose verliert Feuchtigkeit aus den Trieben, ohne sie aus dem Boden nachführen zu können. Sie erfriert nicht, sondern die Triebe vertrocknen am Rosenstock. Man muss also die wichtigsten Teile der Rose schützen.

Dies sind:

- die bodennahen Triebe der Busch- und Strauchformen
- die Kletterrosen, vor allem an Hauswänden
- die Stämme und Veredlungsstellen der Stammrosen

Die Rose ist vor starken frostbedingte Bodenbewegungen wie Rissbildung oder Auffrieren und Winterwind geschützt.

Durch die Abdeckung werden die frisch gepflanzten Rosen vor Sonne und Wind geschützt.

Anhäufeln

Seitdem es üblich geworden ist, die Veredlungsstelle 5 cm unter die Erdoberfläche zu pflanzen, ist das Anhäufeln in Regionen mit gemäßigtem Klima eigentlich überflüssig. In für Rosen sehr ungünstigen Lagen, wie den Mittelgebirgen und in Regionen mit Kontinentalklima, ist es aber nach wie vor sinnvoll.

Durch das Heranziehen der Erde rund um den Rosenstock wird ein 15–20 cm hoher „Hügel" über den Zentrum der Rose gebildet. Dieser schützt die Haupttriebe mit den tief sitzenden Knospen vor Wind und Sonne. So bleibt der wichtigste Teil jeder Rose, die Basis ihres Wachstums, auf jeden Fall geschützt. Sie können auch alle 2–3 Jahre die Kompost- oder Mistgabe dafür verwenden.

Voraussetzung für das Anhäufeln ist, dass Sie Ihre Rosen nicht zu dicht gepflanzt haben. Sollte dies der Fall sein, decken Sie sie mit Fichten- oder Tannenreisig ab.

Abdecken

Fichten- und Tannenreisig beschattet Ihre Rosen, verhindert so eine Austrocknung und puffert starke Temperaturwechsel. Die Zweige werden schindelartig über die Rosen gelegt. Achten Sie darauf, nicht zu kurze Zweige zu verwenden, da diese sonst leicht verweht werden. Abdeckmaterial können Sie beim Forstamt beziehen. Die zuständigen Forstämter geben darüber Auskunft. Auch Grünschnittlagerplätze sind ergiebige Quellen.

Kletterrosen können Sie ebenso abdecken. Die Zweige werden dann vor

Rechte Seite:
So gut geschützt kann die Rose in die Wintersaison gehen.

Stamm und Veredlung sind vor Winterwind und Sonne geschützt.

die Haupttriebe gebunden. Einfacher ist es jedoch, eine Schilfrohrmatte vor die Pflanze zu stellen oder eine schützende Säule daraus zu wickeln. Die Matten lassen sich über Jahre verwenden.

Stammrosen umlegen

Nicht viele Rosenfreunde haben den Mut, ihre Rosenstämme umzubiegen und abzudecken. Wenn man die natürliche Biegung des Rosenstammes kennt und dabei die korrekte Biegerichtung infolge der Fußstamm-Veredlung beachtet, kann man dies über viele Jahre problemlos tun.

Genauso gut können Sie jedoch auch Ihren Stamm einpacken. Eine Schilfrohrrolle, durch drei Pfosten an ihrem Platz gehalten, ist eine dauerhafte Lösung. Wichtig ist, dass Stamm und Veredlungsstelle bedeckt sind. Mit langem Reisig können Sie auch einen dekorativen „Pilz" bauen. Dabei sollten Sie aber darauf achten, einen wirklich stabilen Rosenstab zu verwenden, sonst kann das Ganze im Sturm oder unter Schneelast umfallen.

Als weitere Alternative bietet sich der immer beliebter werdende Jutesack über der Pflanze an. Größere Trauerstämme bekommen Sie damit aber nur teilweise bedeckt.

Klettervorrichtungen für Rosen

Um Kletterosen ansprechend zu präsentieren, gibt es verschiedene Möglichkeiten. Sie kann einen Eingang

Mit langtriebigen Rosen lassen sich Rankhilfen wie Obelisk, Säule oder Girlanden „garnieren".

Tipp

Bauliche Kriterien für eine Kletterhilfe:

- Rosen brauchen horizontal verlaufende Fixiermöglichkeiten.
- Die Verankerung im Boden muss der Blattmasse und der sich daraus ergebenden Windlast gewachsen sein. Sie sollte mindestens 50–80 cm tief reichen und möglichst in Beton fixiert sein. Ein entsprechendes Schotterfundament würde zu viel Raum einnehmen.
- Die Befestigung an einer Wand muss stabil sein. Ein Zaun benötigt unter Umständen zusätzliche Spanndrähte.
- Das Material der Kletterhilfe sollte eine der Blattmasse entsprechende Tragkraft haben. Dünne Draht- oder Lattengestelle sind generell ungeeignet.
- Bedenken Sie, dass Schutzmaßnahmen für das Material später Schäden an der Rose verursachen können. Sie sollten besser eine hochwertige Ausführung verwenden, die keine aufwendige Pflege braucht.

ARBORETUM

betonen, sie kann Schattenspender sein, sie kann begleitend an einem Weg oder gar in einem Beet stehen.

Aus der gestalterischen Aufgabe und der Sortenwahl ergibt sich die Ausführung der Kletterhilfe.

Obelisk/Säule: Wenn wenig Platz zur Verfügung steht, lassen sich mit Säulen und Obelisken schöne Effekte erzielen. Sie sind vor allem für kleinere Kletterrosen geeignet.

Rosenbogen: Ein Rosenbogen muss 50 cm breiter als der Weg, den er überspannen soll, gebaut werden. Die Zweige, die den Bogen später umgeben, lassen bei 120 cm Bogenbreite etwa 80 cm Durchgang frei.

Spalier: Das Rosenspalier an der Wand ist wohl die am weitesten verbreitete Variante, da sie am leichtesten zu pflegen ist. Schöne Möglichkeiten ergeben sich auch an Zäunen oder als freistehende Raumteiler.

Laube: Eine der schönsten Verwendungsformen ist wohl die von einer duftenden Kletterrose überwachsene Laube. Dafür sind vor allem wüchsige Sorten geeignet.

Kletterrosen bilden mit einer entsprechenden Rankhilfe duftige Bögen.

Linke Seite:
Oben: Mit einem Klettergerüst, das genügend Abstand von der Wand hat, kann man mit-Kletterosen Fassaden begrünen.
Unten:
Das dichte Blätterdach und die duftenden Blüten der Rosen sind zum beranken einer Laube bestens geeignet.

Kletterrosen formieren

Durch das Leiten der Triebe einer Kletterrose kann ihre Entwicklung wesentlich beeinflusst werden. Von Grund auf verkehrt ist es, eine Kletterrose straff nach oben zu binden. Dann entwickeln sich gemäß der Wachstumsgesetze die obersten Triebe am stärksten. Hoch oben an den Spitzen werden die meisten Blüten gebildet. Der richtige Aufbau einer Kletterrose erstreckt sich über mehrere Jahre und bedarf einer ständigen Pflege. Wie auf Seite 46 bereits erwähnt, werden Kletterrosen zum Schnitt möglichst von ihrer Kletterhilfe gelöst. Nach dem Schnitt sortiert man die Triebe und befestigt sie je nach Kletterhilfe.

Durch die gegenläufigen Spiralen wird die Säule komplett eingehüllt.

Als Bindematerial eignen sich grüne und schwarze Kunststoffschnüre oder spezieller gummierter Bindedraht. Die Bindungen sollte man im Sommer kontrollieren, um ein Einwachsen zu vermeiden. Dies machen Sie am besten beim Sommerschnitt.

Bindetechnik bei Obelisken, Säulen, Laternen

Vorgehensweise
Die Triebe werden in leicht ansteigenden Spiralen abwechselnd von rechts und links um die Kletterhilfe geführt. Achten Sie besonders auf eine gleichmäßige Verteilung der Triebe. Langtriebe, die im Jahresverlauf gebildet werden, binden Sie nach demselben Muster vorsichtig ein.

Hinweise
Wenn die Rose vollständig befestigt ist, sollten an den Kreuzungspunkten die Stacheln vorsichtig entfernt werden. So verhindern Sie, dass sich die Rose an diesen Stellen selbst verletzt.

Bindetechnik beim Rosenbogen

Vorgehensweise
Die Triebe werden abwechselnd von rechts und links um den senkrechten Teil gewunden. Niemals Triebe durch die Sprossen flechten, auch keine jun-

So gewunden wird ein Rosenbogen im Sommer von unten bis oben belaubt und voller Blüten sein.

Die Bögen lassen einen starken, gleichmäßigen Austrieb erwarten.

gen Triebe im Jahresverlauf! Sie lassen sich sonst, sobald das Holz ausgereift und nicht mehr so biegsam ist, kaum noch lösen. Oben werden die Triebe auf die Oberseite gebunden.

Hinweise

Entfernen Sie an Kreuzungspunkten der Triebe vorsichtig die Stacheln, so kann sich die Rose an diesen Stellen nicht selbst verletzen.

Bindetechnik bei Spalier und Laube

Vorgehensweise

An einer Wand, als Raumteiler oder an einer Laube werden die Triebe fächerförmig an der Kletterhilfe auseinander gezogen. Die sich entwickelnden Langtriebe werden dann gebogen und schuppenartig übereinander angeordnet. Das Dach einer Laube wird geschlossen, indem Sie die Triebe auf die

Im Sommer werden Sie mit reicher Blütenfülle belohnt.

Außenseite binden. Überkreuzen Sie die Triebe, sodass ein dichtes Zweiggeflecht entsteht. Langtriebe des Sommers sind in die Fläche einzubinden.

Hinweise
Auch hier sollten Sie die Stacheln an den Kreuzungspunkten vorsichtig entfernen.

Rosen für die Vase

Es gibt weltweit mehr Schnittrosen- als Gartenrosensorten. Die klassische Schnittrose ist ein Edelrosentyp mit einem besonders langen Stiel und einer schön geformten Blüte. Die Hauptanbaugebiete für Schnittrosen liegen in Afrika und Südamerika. Die wenigsten Schnittrosensorten sind jedoch auch als Gartenrosen geeignet. Umgekehrt können Sie jedoch problemlos Rosen aus Ihrem Garten als Vasenschmuck oder Gesteck verwenden. Pur oder in Kombination mit anderen Blüten oder Blattschmuck lassen sich fantastische Dekorationen erstellen. Was ist schöner, als sich den Rosenschmuck samt Duft ins Haus zu holen?

Rosen schneiden

Rosen für die Vase oder das Gesteck sollten möglichst früh am Morgen oder aber nach 17 Uhr geschnitten werden. Es heißt, am Abend geschnitten sei die Rose haltbarer. Wichtig ist, dass Sie einen Eimer mit Wasser dabei haben und die Rosen möglichst nach dem

Schnitt sofort ganz eintauchen. Es sollen keine Luftblasen in den Leitungsbahnen entstehen. Schneiden Sie nie mehr als zwei lange Triebe an einer Rose, da sonst ein zu starker Austrieb angeregt wird und der Habitus zerstört würde. Dieses Problem stellt sich nicht, wenn Sie sich an einer Stelle des Gartens einige Rosen speziell für den Schnitt vorbehalten.

Tipp

Achten Sie auf die Öffnung der Blüte! Die Kelchblätter müssen sich bereits ganz von den Blütenblättern gelöst haben, sonst öffnet sich die Rose später nicht.

Rosen vorbereiten und haltbar machen

Die Rosen werden nun dem Wassereimer entnommen und die Blätter und Stacheln soweit entfernt, wie sie später mit dem Wasser in der Vase in Kontakt kommen wären. Diese würden nur faulen und die entstehenden Bakterien würden zu einer schnellen Welke führen. Dies gilt auch für andere Pflanzen in der Vase.

Nun wird der Stiel schräg mit einem scharfen Messer angeschnitten. Dadurch wird die Fläche mit dem Leitgewebe vergrößert, die das Wasser aufnehmen kann. Einige Floristen bearbeiten das Stielende auch mit einem Hammer, um eine möglichst große Oberfläche zu erzielen.

Falls die Rose etwas zu lange trocken gelegen hat, können Sie das Stielende kurz in kochendes Wasser tauchen und sie dann für ein bis zwei Stunden in kaltes Wasser stellen. So werden entstandene Luftblasen ausgetrieben. Wenn alle Pflanzen vorbereitet sind, können sie in der Vase oder dem Gesteck angeordnet werden.

Um die Haltbarkeit von Rosen zu verlängern, gibt es verschiedene Präparate im Handel. Auch das Bestäuben mit Wasser und die Lagerung des Arrangements an einem kühlen Ort über Nacht oder bei Abwesenheit verzögern die Welke. Bei guter Behandlung hält eine frisch geschnittene Rose mindestens fünf Tage in der Vase.

Allgemeine Deutsche Rosenneuheitenprüfung

Vor über 40 Jahren wurde diese Prüfung von Wilhelm Kordes ins Leben gerufen. Das Rosensortiment sollte einer Qualitätskontrolle unterzogen werden, um dem Rosenkäufer ein verlässliches Markenzeichen an die Hand zu geben. Heute ist daraus ein Arbeitskreis aus dem Bund deutscher Baumschulen, Rosenzüchtern aus der ganzen Welt und elf unabhängigen Prüfstandorten geworden. Von Schleswig-Holstein bis Bayern und von Sachsen bis Rheinland-Pfalz verteilen sich die Prüfgärten über ganz Deutschland. So wird ein aussagekräftiger Entwicklungsverlauf dokumentiert. Die Prüfungsarbeit wird vom Bundessortenamt koordiniert.

Die Rosen werden nach der Pflanzung „normal" gepflegt, aber nicht gegen Schadpilze, wie Sternrußtau oder Rosenrost, behandelt. So müssen sich die Rosen drei Jahre bewähren. Sechs Mal im Jahr werden sie auf unterschiedliche Kriterien geprüft. Insgesamt können 100 Punkte erreicht werden. Neben den Grundwerten wie Winterhärte und Wüchsigkeit, wird mit 30 möglichen Punkten vor allem auf die Gesundheit geachtet. Aber auch die Schönheitsmerkmale der Rosen, wie Knospen- und Blütenform, Blühdauer und Farbqualität oder Duft werden mit 40 möglichen Punkten beachtet. Als Mittler zwischen diesen Wesenszügen dient dann der Gesamteindruck der Pflanze mit 20 erreichbaren Punkten. Ab 70 Punkten kann eine Rose zur ADR-Rose werden. Im Rahmen einer jährlichen Tagung werden die Ergebnisse diskutiert.

Seit der Einführung haben über 170 Sorten das Ziel erreicht. Um als Qualitätssiegel aber dauerhaft aussagekräftig zu bleiben, müssen auch sich verschlechternde Sorten gestrichen werden. Es gibt viele umweltbedingte Gründe, warum eine Rose ihre Widerstandskraft verliert. Auch Schadorganismen entwickeln sich weiter.

Auf den folgenden Seiten finden Sie eine Übersicht der Rosensorten seit dem Jahr 2006. Alle diese Sorten sind im Handel erhältlich und spiegeln den aktuellen Stand der Rosenzüchtung wider.

In der Tabelle wurde für das Kriterium Duft die gleiche Einteilung verwendet wie bei den Rosenporträts. Des Weiteren finden Sie eine Beschreibung der allgemeinen Wuchsform bzw. bei den Kletterrosen die mittlere Wuchshöhe.

Weitere Informationen finden Sie unter: www.ADR-Rose.de

Klasse	Farbton	Sorte Züchter/Jahr	Duft	Wuchsform
Edelrose	Rot	Charisma Noack/2011	***	aufrecht
		Gräfin Diana Kordes/2012	****	buschig
	Rosa	Elbflorenz Meilland/2006	****	aufrecht
		Pink Paradies Delbard/2011	*	aufrecht
		Souvenir de Baden-Baden Kordes/2008	-	aufrecht
	Weiß	La Perla Kordes/2008	*	aufrecht
		Madame Anisette Kordes/2013	**	aufrecht
		Schloss Ippenburg Meilland/2006	**	hoch aufrecht
	Gelb/ Orange	Sunny Sky Kordes/2009	*	aufrecht
Beetrose	Rot	Balou Noack/2013	-	kompakt buschig
		Black Forest Rose Kordes/2010	-	überhängend buschig
		Cherry Girl Kordes/2008	-	buschig
		Planten un Blomen Kordes/2008	*	kompakt buschig
		Rose der Einheit Kordes/2015	-	buschig
	Rosa	Alea Noack/2006	-	aufrecht
		Dolomiti Kordes/2011	-	überhängend buschig
		Elysium Kordes/2011	-	buschig

Klasse	Farbton	Sorte Züchter/Jahr	Duft	Wuchsform
Beetrose	Rosa	Garden of Roses Kordes/2006	*	kompakt buschig
		Gartenfreund Kordes/2013	-	buschig
		Herzogin Christiana Kordes/2013	***	aufrecht
		Larissa Kordes/2008	*	überhängend buschig
		Moin Moin Kordes/2012	-	kompakt buschig
		Rosenfaszination Kordes/2013	*	aufrecht
		Rosengräfin Marie Henriette Kordes/2013	****	aufrecht
		Sommersonne Kordes/2008	*	buschig
	Weiß	Gletscherfee Kordes/2011	*	überhängend buschig
		Hermann-Hesse-Rose Noack/2008	*	aufrecht
		Kosmos Kordes/2006	*	buschig
	Gelb/ Orange	Bengali Kordes/2011	*	aufrecht
		Bentheimer Gold Kordes/2015	-	buschig
		Debüt Noack/2012	-	buschig
		Intarsia Noack/2009	*	überhängend buschig
		Lemon Fizz Kordes/2017	-	buschig
		Novalis Kordes/2010	**	buschig

Klasse	Farbton	Sorte Züchter/Jahr	Duft	Wuchsform
Beetrose	Gelb/ Orange	Portoroz Kordes/2014	*	überhängend buschig
		Solero Kordes/2009	*	buschig
		Sun Star Kordes/2007	*	buschig
		Sweet Honey Kordes/2015	*	buschig
		Westart Noack/2010	-	buschig
		Yellow Meilove Meilland/2007	*	buschig
Strauchrosen	Rot	Getano Noack/2007	-	aufrecht
		Sinea Noack/2006	-	aufrecht
		Soul Tantau/2013	***	aufrecht
	Rosa	Flashlight Noack/2006	*	aufrecht
		Gateway Noack/2007	*	aufrecht
		La Rose de Molinard Delbard/2008	**	aufrecht
		New Look Noack/2009	*	aufrecht
		Lavender Meidiland Meilland/2008	**	bogig
	Gelb/ Orange	Comedy Noack/2011	-	aufrecht
		Goldspatz Kordes/2011	**	breit bogig
		Karl Ploberger Strauchrose Kordes/2009	*	aufrecht

Klasse	Farbton	Sorte Züchter/Jahr	Duft	Wuchsform
Strauchrosen	Gelb/ Orange	Shining Light Noack/2011	-	aufrecht
	Weiß	Pretty Snow Meilland 08	*	breit bogig
Kletterrosen	Rot	Bajazzo Kordes/2011	*	250cm
		Camelot Tantau/2012	***	300cm
	Rosa	Heidetraum Plus Noack/2012	-	300cm
		Libertas Tantau/2015	*	300cm
		Perennial Blue Tantau/2008	*	400cm
	Weiß	Hella Kordes/2009	**	250cm
		Sabrina Meilland/2008	**	200cm
Kleinstrauch-rosen	Rosa	Blühwunder 2008 Kordes/2008	-	überhängend buschig
		Candia Meidiland Meilland/2007	-	überhängend
		Juanita Kordes/2007	-	breit überhängend
		Salsa Tantau/2015	-	bogig
		M.R. Stadt Aschersleben Meilland/2011	-	breit überhängend
		Residenz Noack/2012	-	strauchig
		Unicef – Rose Kordes/2007	-	überhängend
		Weg der Sinne Kordes/2013	*	überhängend

Klasse	Farbton	Sorte Züchter/Jahr	Duft	Wuchsform
Kleinstrauch-rosen	Weiß	Cute Haze Tantau/2011	-	strauchig
		Escimo Kordes/2006	-	strauchig
		Sirius Tantau/2013	*	buschig
Bodendecker-rosen	Rot	Matador Tantau/2012	-	breit überhängend
		Polo Boot & Co/2008	-	breit überhängend
		Stadt Rom Tantau/2007	-	überhängend
	Rosa	Lipstick Tantau/2009	*	breit überhängend
		Silencio Noack/2011	-	breit überhängend
		Topolina Kordes/2012	-	überhängend
	Gelb/ Orange	Deseo Noack/2010	-	buschig überhängend
Zwergrosen	Rot	Lupo Kordes/2006	-	kompakt buschig
	Rosa	Flirt Kordes/2011	-	kompakt buschig
		Roxy Kordes/2007	*	kompakt buschig
	Gelb	Gelbe Babyflor Tantau/2016	-	kugelig

Service

Adressen von Rosenanbietern

RosenPark Dräger
Freiacker 1
61231 Bad Nauheim-Steinfurth
www.rosenpark-draeger.de
→ Hochstammrosen

W. Kordes & Söhne
Rosenstraße 54
25365 Klein Offenseth-Sparrieshoop
04121/48700
www.gartenrosen.de
→ Rosenzüchter

Lacon-Rosen GmbH
J.- S. Piazolo Straße 4a
68766 Hockenheim
06205/4001
www.lacon-rosen.de
→ französische Rosenzüchtungen

Noack-Rosen
Im Fenne 54
33334 Gütersloh
05241/20187
www.noack-rosen.de
→ Rosenzüchter

Bioland Rosenschule Ruf
Zum Sauerbrunnen 35
61231 Bad Nauheim – Steinfurth
www.rosenschule.de
→ großes Sortiment

Rosenhof Schultheis
Bad Nauheimer Straße 3–7
61231 Bad Nauheim-Steinfurth
06032/925280
www.rosenhof-schultheis.de
→ historische Rosen

Rosenschule Stange
Kurzenmoor 30
25370 Seester
www.stange-rosen.de
→ Meilland-Rosen

BKN Strobel GmbH & Co. KG
Pinnebergerstraße 238
25488 Holm
04103/12120
www.bkn.de
→ großes Sortiment

RosenWelt Tantau
Tornescher Weg 13
25436 Uetersen
04122/7084
www.rosen-tantau.com
→ Rosenzüchter

Rosen-Union
Steinfurther Hauptstraße 27
61231 Bad Nauheim-Steinfurth
06032/96530
www.rosen-union.de
→ Vertrieb internationaler Züchtungen, Englische Rosen

Weinsberger Rosenkulturen
Heilbronner Straße 101
74189 Weinsberg
07134/8027
www.weinsberger-rosen.de
→ großes Sortiment verschiedener Züchter

Zum Weiterlesen

HAENCHEN, ECKART: Rosen pflegen und schneiden. Verlag Eugen Ulmer, 2., aktualisierte Aufl. 2006.

JOYAUX, FRANCOIS: Enzyklopädie der Alten Rosen. Verlag Eugen Ulmer, 2008.

KLEIN, HENRY: Rosen pflegen. Richtig, einfach, erfolgreich. Verlag Eugen Ulmer, 4., aktualisierte Aufl. 2015.

KRATZ, MONIKA: Alles aus Rosen. Köstlich, duftend, dekorativ. Verlag Eugen Ulmer, 2006.

PIRC, HELMUT: Alles über Gehölzschnitt. Ziergehölze, Obst, Formschnitt. Verlag Eugen Ulmer, 2. Auflage, 2011.

REHM-WOLTERS, BETTINA, SCHACHT, MASCHA: Ein Garten voller Rosen – klassisch, ländlich, naturnah und modern gestalten. Verlag Eugen Ulmer, 2011.

RIX, MARTYN, PHILLIPS, ROGER: Rosarium. Die besten Sorten für Garten und Wintergarten. Verlag Eugen Ulmer, 2005.

SCHULTHEIS, HEINRICH: Rosen. Frische Ideen und bewährte Sorten. Verlag Eugen Ulmer, 2005.

WOESSNER, DIETRICH: Das Schneiden der Rosen. Verlag Eugen Ulmer, 3., überarbeitete Aufl. 2007.

Bildquellen

Beck, Manuela: Seite 17, 33 u. re., 56 u. re., 60 o. re., 66 o. li., 77 o. re., 77 u. re., 85 u. li., 85 Mi. re., 85 u. re., 87 Mi. re., 91, 106

BKN Strobel/Meilland: Seite 26 o. re., 26 u. li., 56 u. l., 77 o. li., 77 u. li.

Buchholz, Peter: Seite 11, 15, 25 o., 25 u., 31 li., 31 re., 33 o. re., 38 o. re., 44 o. li., 51 o. re., 51 u. li., 51 u. re., 55 o., 55 u., 60 o. li., 61 o. re., 87 u. re., 87 u. re. (Einklinker), 90, 96, 97 re., 98

Delbard: Seite 26 u. re., 32 u. li., 38 u. re.

Dietze, Peter: Seite 50 o. re.

Hübscher, Heiko: Seite 6, 7, 23, 29, 35, 41, 43, 46, 49 o., 49 u., 53 li., 53 re., 64, 74, 75, 87 o. re., 97 li.

W. Kordes' Söhne Rosenschulen Gmbh & Co. KG: Seite 26 o. li., 27 u. re., 32 o. li., 33 o. li., 33 u. li., 39 o. li., 39 u. re., 50 u. li., 57 u. re., 60 u. li., 60 u. re., 61 o. li., 94 u.

Lens: Seite 51 o. li.

Lohrer, Thomas: Seite 85 o. li.

mauritius images: U1 o./u., Seite 27 u. li.

Noack Rosen, www.noack-rosen.de: Seite 32 o. re., 38 o. li., 38 u. li., 50 o. li., 56 o. li., 57 o. li., 57 u. li., 76 o. li.

Redeleit, Wolfgang: Seite 13 o., 13 u., 66 u. re., 85 Mi. li., 89, 94 o.

Reinhard, Hans: Seite 4, 20, 27 o. li., 44 o. re., 44 u. re., 56 o. re., 57 o. re., 61 u. re., 62, 66 o. re., 66 u. li., 67 o. re., 67 u. li., 67 u. re., 76 o. re., 76 u. li., 76 u. re., 78, 87 o. li., 92, 93, 95

Reinhard, Nils: Seite 3, 18, 27 o. re., 44 u. li.

Rosenhof Schultheis: Seite 67 o. li.

RosenWelt Tantau: Seite 32 u. re., 39 o. re., 39 u. li., 50 u. re., 61 u. li.

Schäfer, Bernd: Seite 14, 87 Mi. li.

Veser, Jochen: Seite 85 o. re., 87 u. li.

Register

Die in diesem Buch enthaltenen Empfehlungen und Angaben sind vom Autor mit größter Sorgfalt zusammengestellt und geprüft worden. Eine Garantie für die Richtigkeit der Angaben kann aber nicht gegeben werden. Autor und Verlag übernehmen keinerlei Haftung für Schäden und Unfälle.

Bibliografische Information der Deutschen Nationalbibliothek
Die Deutsche Nationalbibliothek verzeichnet diese Publikation in der Deutschen Nationalbibliografie; detaillierte bibliografische Daten sind im Internet über http://dnb.d-nb.de abrufbar.

Wollgrasweg 41, 70599 Stuttgart (Hohenheim)
E-Mail: info@ulmer.de
Internet: www.ulmer-verlag.de
Lektorat: Doris Kowalzik
Herstellung und DTP: Thomas Eisele
Umschlagentwurf: Atelier Reichert, Stuttgart
Satz: pagina GmbH, Tübingen
Druck und Bindung: Firmengruppe APPL, aprinta Druck, Wemding
Printed in Germany

ISBN 978-3-8001-0371-3